行走在伦敦的咖啡馆

茉莉·金 著

辽宁人民出版社

图书在版编目（CIP）数据

行走在伦敦的咖啡馆 / 茉莉 · 金著 . —沈阳 : 辽宁人民出版社 , 2023.1
ISBN 978-7-205-10554-9

Ⅰ . ①行… Ⅱ . ①茉… Ⅲ . ①咖啡—文化—世界 Ⅳ . ① TS971.23

中国版本图书馆 CIP 数据核字 (2022) 第 165593 号

出版发行：辽宁人民出版社
地址：沈阳市和平区十一纬路 25 号　邮编：110003
电话：024-23284191（发行部）　024-23284304（办公室）
http：//www.lnpph.com.cn
印　　刷：北京长宁印刷有限公司天津分公司
幅面尺寸：145mm × 210mm
印　　张：7
字　　数：150 千字
出版时间：2023 年 1 月第 1 版
印刷时间：2023 年 1 月第 1 次印刷
责任编辑：赵维宁
装帧设计：琥珀视觉
责任校对：郑　佳
书　　号：ISBN 978-7-205-10554-9

定　　价：68.00 元

序言

很高兴有机会向中国读者介绍茱莉·金的这本令人愉悦的书。虽然从表面上看，你可能会认为这是一本伦敦咖啡馆的指南，但仔细观察，你很快就会意识到你正在深入了解伦敦的历史和文化，更多地了解咖啡专业知识，并遇到一些痴迷于制作完美咖啡的人。本书提供的不仅仅是每个咖啡馆的历史及其独有的特征，还有其周围环境的感觉，以及咖啡馆老板的理念和热情。

我毫不怀疑，这本书在像上海这样的城市会有很大的吸引力，因为咖啡几乎被提升为一种信仰，也是一种时尚宣言。似乎每天都有新的咖啡商和咖啡馆出现，似乎你去哪里买咖啡外卖，或者某个周日下午在哪个咖啡馆坐下来休息，都彰显着你和你的生活方式。虽然这是上海相对较新的发展态势，但伦敦的咖啡馆可以追溯到很久以前。伦敦第一家咖啡馆被认为是在 1652 年建立的。大约在这个时候，旅行者首先将咖啡作为饮料引入，尽管以前它已被用于其所谓的药用目的。在英国历史上的那个特殊时期，咖啡馆成为人们的天然聚会场所，他们聚在一起交换新闻并进行商业活动。我很喜欢第 12 页上的图片，它让人联想到当时的气氛，是戴着假发的男人们来喝咖啡、谈论政治、交换社交八卦和吸旱烟的场所。事实上，社会历史学家将 17 至 18 世纪的咖啡馆比作知识和文化辩论的地方，是少有的大学之外的替代场所。与那个时代略有不同，现在我们会发现至少与男性一样多的女性，对吸烟有了禁忌……但仍然有一些新闻和八卦传播，可能还有一定程度的社会和政治评论。

这本精彩的书中提到的 16 家咖啡馆都在蓬勃地发展——尽管在新冠疫情期间经历了几年的艰难岁月。我好奇地想知道它们是怎么活下来的。它们似乎拥有忠实的客户群，对自己的工艺充满热情，不是由利润动机驱动，而是由卓越和质量驱动。它们遍布伦敦各个区域，有些位于鲜为人知的小巷中。如此多样化的地点，每个都有独特的氛围，有强烈的社会责任感和道德驱动的经营方式，比如与咖啡农的“公平贸易”，对环保烘焙机的投资，并且通常推广有机食材，手工制作。

我确信这些咖啡馆将继续蓬勃发展，因为它们已经在一个社区中建立了自己的地位，它们为在这些社区生活和工作的人们提供更广泛的社会性目的——就像 17 世纪和 18 世纪的咖啡馆当时的需求一样。

我希望当你下次来伦敦时，你会带着这本书，它将给你一个机会，通过不同的视角去发现伦敦。

Gill Caldicott（季佳）

英国驻华总领事馆文化教育处领事

Gill Caldicott（季佳）

英国驻华总领事馆文化教育处领事

Contents | 目录

我与咖啡的缘分

茉莉在 Prufrock 咖啡馆跟大师学做咖啡

茉莉在一年一度的伦敦咖啡节，详情请浏览网站 http://www.londoncoffeefestival.com/

不知不觉，我在伦敦已经生活了十多年。能在一个城市安定下来，这个城市一定是有它的魅力和内涵，有符合我气质的地方。除了这里的人，我可以轻松地列出让我爱恋的伦敦所特有的东西：它的建筑，它的街心花园，它的美术馆，它的音乐人，它的节奏，它的国际化，它的兼容性，等等。甚至是游客印象中的红色的电话亭，黑色的出租车，黄色的街灯，国旗色的地铁标志，在我这个“本地人”眼中依然是美的。

伦敦在世界上的经济、政治地位自然不用我来说，但让我爱上这座城的更重要的是它的文化。每个人对文化的感受都有不同的侧重点，如果我有机会，也会洋洋洒洒地写一下我的理解。但这本书，我只想从一个很小的切入点去写伦敦，去写伦敦的文化和生活，那就是伦敦的独立精品咖啡馆。

和东方的茶一样，咖啡，在西方的生活中绝对可以上升为一种文化。从咖啡豆的采集，到咖啡的研磨，蒸馏，咖啡与牛奶的比例，到咖啡表面漂亮的拉花和盛它的杯子，每一步既是“科学”又是“艺术”。而咖啡馆的氛围、装饰和主人背后的故事，无疑也是文化的一种体现。咖啡带给人的，是嗅觉、视觉、听觉和味觉的全面享受！

我曾在伦敦的金融城工作，每天坐地铁到 Mansion House 那一站下车，穿过一条叫 Bow Lane 的窄巷子。这条巷子里有好几家咖啡店和面包店，散发着迷人的香气，让每一个工作日开始得很美好。那时美国的一家咖啡连锁店已经在伦敦遍地开花了，每天早晨上班前，我也会在那里买一杯拿铁咖啡，举着那个有明显标识的杯子走去办公室，觉得自己很时髦。

2009 年，我认识了一群学艺术的朋友，慢慢地接触到一些独立的特色咖啡店，它们大多集中在伦敦的东部。伦敦的东部以前是亚非移民和码头工人居住的地区，但近年来伦敦“士绅化”的进程，已经将东部改造成艺术范儿十足的地区，被很多人，包括在金融城工作的银行家看好。（请参考《活色生香的“士绅化”进行时 东伦敦的历史和今天》一文。）

和咖啡馆主人聊天的过程中，我才发现，将这股“独立咖啡风”带到伦敦的，竟然是 Ozie and Kiwis[①]！他们来伦敦旅游，发现在伦敦喝不到家乡那么好的咖啡，于是就有了在伦敦开咖啡馆的想法。细读本书，你会发现好几家的主人都是 Ozie and Kiwis 呢！比如 Nude, Kaffeine, flat white 的创始人。也有英国人去新西兰旅游，喝到那么好的咖啡，回到伦敦就转行做咖啡的，比如伦敦的咖啡达人 Gwilym Davies，在 Prufrock 一文中会详细介绍。

我从 2010 年开始有心地寻找这些独立咖啡馆，那时候还并不多，而到了 2013 年，这样的高质独立咖啡馆就越来越多了，这真是咖啡粉丝们之幸！竞争的产生，让咖啡馆的水准越来越高。在我看来，独立咖啡馆相比较连锁咖啡馆，其环境更独特，咖啡品质更优，因为咖啡馆的主人大多是因为爱咖啡，而不是注重商业利益才去开咖啡馆。另外，因为其规模小，便于管理和培训咖啡师，以保障咖啡质量的一致。当然，连锁店有它的优势，那就是方便快捷，分布广，还有品牌效应，我不想全盘否定，只是庆幸我们拥有多样化的选择。

[①]分别是对澳大利亚人和新西兰人的昵称。

我曾经遍访了伦敦大小近百家咖啡馆，品尝咖啡，和主人聊天，并且拜师学艺，自己也可以像模像样地做咖啡。伦敦每年一度的咖啡节，更是少不了我的身影。因为那时还在银行工作，我就利用午休时间去探店，途中匆匆啃一个三明治。那段回忆是幸福的，因为我尊重那些本着“严肃认真”的一丝不苟的态度，把最好的咖啡在最舒适的环境里呈献给客人的咖啡馆主理人。其中一些主理人，已经成为我生活中的朋友，是那段经历给我的另一个恩赐。

喝咖啡，泡咖啡馆，已经成为我生活中的一部分。在伦敦连绵不断的雨天里，在晴好的夏日午后，在我开心的时候，在我伤心的时候，在我需要灵感的时候，在我需要作出重大决定的时候，在我一个人独处的时候，在我和闺蜜聚会的时候——咖啡馆，都是承载着我的种种情绪，给我温暖依托的“治愈所”。

在我和咖啡的这段缘分中，也是我的思想和品位变化的过程。从刚到英国时下意识地去接受西方文化和生活方式，到慢慢地自然地喜欢并融入；从重视品牌，到重视品质；从追求“大”的梦想，到珍视“小”的幸福；从“复杂”到“简单”，正如英语中一句俗语：“Less is more（少就是多）。”现在品咖啡，就喜欢不加糖，不加奶，不加巧克力，不玩花样的纯咖啡。好像看待人与事，都会去掉表面的浮华，回归到本质，过一种简单的生活。感谢我的老公，让我学会慢下脚步，用一颗平静的心，去发现，去感受生活中那些细小的、美好的东西，而不是只为“大梦想”而奔波。

这些独立咖啡馆采取作坊式的经营，创始人还是店主人，并且身先士卒地忙碌在店中。你不一定能分辨得出那个给你端咖啡收钱的是老板还是伙计！本书介绍了咖啡馆，有的因为其咖啡质量之高，有的因为其历史之久远，有的因为其环境之独特，有的因为它是咖啡和其他产业的成功跨界……因为咖啡馆毕竟不仅仅是喝咖啡的地方嘛！它们分布在伦敦的不同角落，以咖啡为切入点，我会顺便给大家介绍一下地域特色和历史文化，以一个“本地人”的身份给大家做个向导吧！

茉莉在 Troubadour 音乐咖啡馆

伦敦咖啡文化的历史

文字 / 图片：茉莉

行走于伦敦的咖啡馆，当然会有好奇心想知道伦敦最老的咖啡馆是哪家。在网上搜索了一番，发现它就在离我工作的地方步行十分钟之处——St. Michael's Alley, Cornhill，位于伦敦期货交易中心和英总行 (Bank of England) 的旁边。

穿过 St. Michael's Alley 就会找到伦敦第一家咖啡馆 The Head

在 The Head 咖啡馆的旧址上是今天的“牙买加酒吧”

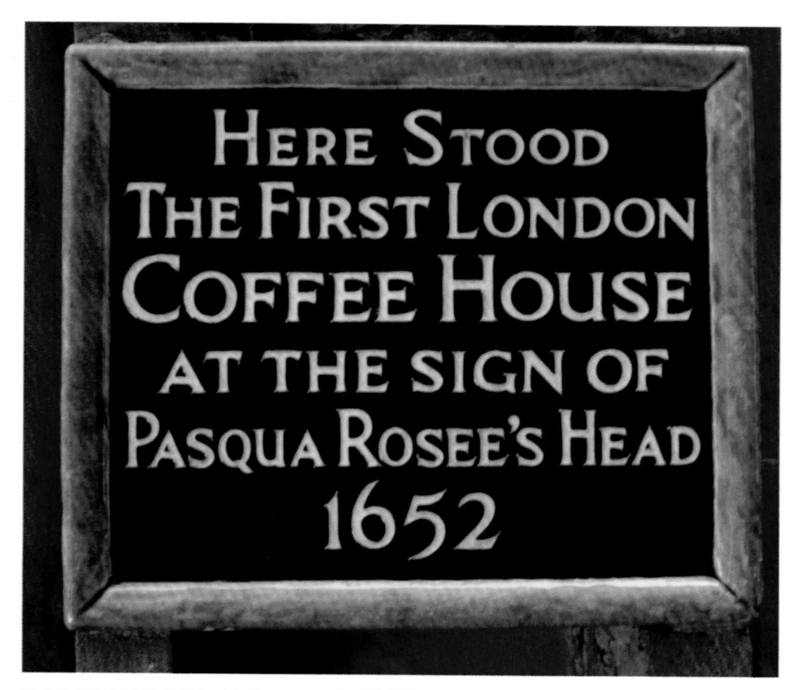

牙买加酒吧门旁边的墙上挂着 The Head 咖啡馆的蓝匾：建于 1652 年的伦敦第一家咖啡馆

据说这家叫 The Head 的咖啡馆远在 1652 年就开始营业了，它的主人是希腊籍[1]的 Pasqua Rosee，是英国富商 Daniel Edwards 的仆人。Daniel Edwards 经常行走于土耳其[2]，将大批充满异域情调的舶来品运到英国出售。当时，土耳其人已经普遍地饮用咖啡。据史料记载，世界上第一家咖啡馆远在 1554 年就诞生于奥斯曼帝国的首都君士坦丁堡，即今天土耳其的伊斯坦布尔。Pasqua 在主人的帮助下从土耳其进口咖啡，在 St. Michael's Alley 开了伦敦第一家咖啡馆和销售咖啡的店铺。如今，经过几个世纪的动荡，这家咖啡馆已经不复存在了，取而代之的是一家叫“Jamaica Wine House”的酒吧，那道蓝色的大门还保留了当年中东的建筑风格。

当时，咖啡不仅是饮品，更是药。Pasqua 在一张手写的宣传单[3]上，以“咖啡的美德”为题，洋洋洒洒地指出，咖啡对痛风、水肿、坏血病，都有疗效，甚至是帮助戒掉鸦片的替代品。在 17 世纪，伦敦疾病盛行，水质十分恶劣，因此，人们必须饮用烧开的水，而咖啡令煮过的水味道变好很多。更有趣的是，17 世纪的伦敦到处是酒吧，宿醉不归的人比比皆是，而咖啡这种新饮料的诞生，让人保持清醒，无意中还改善了社会风气。

很快，咖啡馆在伦敦盛行，一方面是人们对这种饮料的喜爱，另一方面，是人们对咖啡馆环境的喜爱。不管你的身份地位如何，

[1]对此稍有争议，也有人说他是意大利人。

[2]彼时是奥斯曼帝国。

[3]这张宣传单现在收藏在大英博物馆，题为“The Vertue of Coffee Drink”。Vertue 是古体的拼写方法，现代为 Virtue。

只要花上一个便士，就可以在咖啡馆里喝上一杯，是一个讲究平等的场所。只可惜女士是不准入内的，所以还没有达到完全的平等。如果有女士，一般是咖啡馆的服务人员，而不是顾客，她们把煮好的咖啡倒入咖啡杯中端给顾客。

17 至 18 世纪伦敦咖啡馆的场景

17、18 世纪的咖啡馆往往面积较大，装饰简单，主人喜欢在名字上，装饰上添加一些中东的特色，因为欧洲的咖啡最先是从土耳其传来的，英国人对中东的文化、艺术充满了好奇和尊重。咖啡馆除了卖咖啡，也卖烟草、茶叶、可可、水烟和雪茄。那时候就流行 communal table，一张长长的桌子四周，围坐着不相识的人和因为常来喝咖啡而变成的熟人。桌子上摆着报纸、传单、书籍，喝完一杯咖啡后，大家畅所欲言，会弹乐器的人即兴奏上一曲，兴致来了，大家干脆一起合唱，和我们老北京的茶馆很有些相似吧？

咖啡馆甚至有“一便士大学”的美称，为什么这么说？因为来咖啡馆的人非常杂，大家来到这里，一边喝咖啡一边聊天，新闻很快就散播开来。某人刚读了某本书，会和别的客人分享；刚看完一出剧，也会一起讨论剧情和演员的表现；大家对时事政治更是展开热烈的争论，公开地针砭时弊，各抒己见。在那个没有网络的时代，咖啡馆简直就和现代的社交媒体一样，是信息的枢纽。因为咖啡有提神的作用，不同于酒后的胡言乱语，所以讨论是清醒而有建设性的，在很大程度上推动了社会人文的发展。

因为一时间咖啡馆的气氛太过自由激烈，有些甚至有反王室的煽动叛乱的言辞。1675 年 12 月，国王查尔斯二世曾下令关闭咖啡馆。但这一禁令马上遭到不仅是老百姓，甚至是贵族及其党派的反对，经过仅仅 11 天，禁令就不得不收回。经过这么一折腾，老百姓对王室更加反感，对咖啡馆更加热爱，国王真是“偷鸡不成蚀把米”！

另外，咖啡馆也是“商务会谈”场所，到今天仍是如此。比如英国最大的海事保险集团 Lloyd，其生意就是在 Tower Street 上的咖啡馆里“洽谈的”，咖啡馆把需要保险的船主和承保人联系在一起；而伦敦期货交易所的前身，竟然是一家叫 Janathan's 的咖啡馆！主人每天将经常交易的货物的价格写在咖啡馆的墙上，后来就慢慢发展成期货交易所。

想想 17 世纪的伦敦真是灾难重重，1666 年的伦敦大火，几乎将整个城市化为灰烬；而黑死病，夺去了伦敦 20% 人口的生命。但人们对咖啡馆的热爱始终不减，在一次次灾难后，咖啡馆又不断地出现，到了18世纪早期，伦敦有记载的就有2000多家，而且它们都独树一帜，完全没有“分店”一说，更没有连锁店。因为咖啡馆也是社交辩论的场所，慢慢的，不同职业的人就去到不同的咖啡馆，使得有的咖啡馆是律师聚集之处，有的咖啡馆是政治家的辩论天堂，还有的是诗人作家的灵感之泉。比如Will's Coffeehouse，就是文人学者偏爱之处，英国著名作家John Dryden, Jonathan Swift, Alexander Pope都是常客。而一个叫Sultaness Coffee House的咖啡馆，不止一次地出现在大文豪狄更斯的小说中，比如《小杜丽》(Little Dorrit)。还有300多年前存在的一家叫Button's Coffeehouse的咖啡馆，是诗人和戏曲家的“俱乐部”，咖啡馆的门口有一尊大理石的狮子头像，狮子口大开，就是为了让群众踊跃投稿，选中的故事也好，打油诗也罢，会刊登在Guardian报纸上，专栏的题目就叫“狮子的咆哮”。谁知，命运捉弄，今天在这家有历史意义的咖啡馆原址上，竟是一家星巴克！

谁会料到，这如火如荼的咖啡风，在1750年后竟然戛然而止。这中间有几层原因。首先，这个时候的英国已经是世界霸主，全球都有它的殖民地，最有名的就是印度。英政府以通商为名成立的“东印度公司”，将“茶”这个东方饮品引入英国，很快成为英国上流社会的饮品，一些显赫的贵族都成了茶的“形象大使”！随后，面对上流社会的私人茶室开始出现。至今，英式下午茶仍是高雅贵气的象征，伦敦各大五星级酒店都在提供。而英国人饮茶是喜欢加糖的，为了满足这个“贵族习惯”，英国将从非洲掠夺的大批黑人运往加勒比海诸岛国，大批量种植甘蔗以制糖。其中最有名的就是牙买加。

另一个咖啡的不幸，是在这个时期大批的咖啡染上了“叶锈病”，英国在印度、斯里兰卡及非洲、南美洲的咖啡庄园主马上改种茶叶了。

再有一个技术上的原因：咖啡需要烘焙、研磨、煮泡，而茶叶就简单多了，只要用热水冲泡一下就好了，方便很多。

这个时期，咖啡在欧洲其他大都市，比如巴黎、维也纳越来越盛行，而在伦敦却一下子几乎销声匿迹，其消失的速度和当年盛行的速度一样快。谁知，一等就是 200 年，一直到 1950 年，咖啡馆才重新在伦敦流行起来，其中很大程度受意大利的影响，当时最牛的咖啡机就是意大利产的 Gaggia，最火的咖啡豆也是意大利产的，比如今天还在营业的 Angelucci 咖啡豆供应商。这个时代被称作“伦敦第二次咖啡革命”。而英国人不爱拆迁，喜欢保留老东西的习惯是我们这代人的幸运，因为 20 世纪 50 年代伦敦最受欢迎的咖啡馆 Troubadour 就还健在，一点不减当年的辉煌，也收录在本书。

自 20 世纪 50 年代至今，伦敦经历了三次咖啡浪潮的现象。关于这近代以来三次浪潮的特征和“咖啡大师”对第四次浪潮的预言，还是去看看 Prufrock 一文吧，听听世界咖啡大赛冠军 Gwilym Davies 是怎么说的。

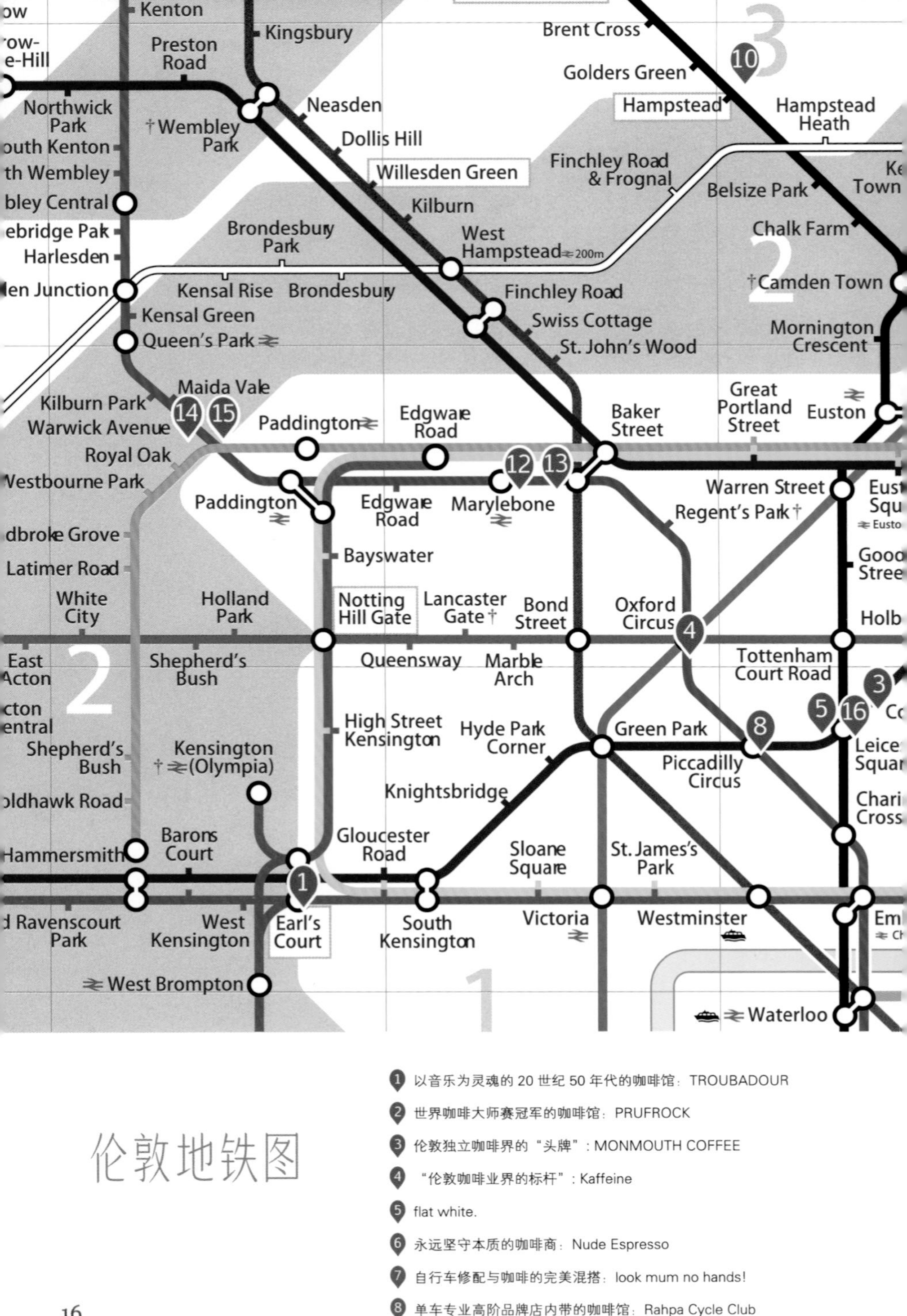

伦敦地铁图

1 以音乐为灵魂的 20 世纪 50 年代的咖啡馆：TROUBADOUR

2 世界咖啡大师赛冠军的咖啡馆：PRUFROCK

3 伦敦独立咖啡界的“头牌”：MONMOUTH COFFEE

4 “伦敦咖啡业界的标杆”：Kaffeine

5 flat white.

6 永远坚守本质的咖啡商：Nude Espresso

7 自行车修配与咖啡的完美混搭：look mum no hands!

8 单车专业高阶品牌店内带的咖啡馆：Rahpa Cycle Club

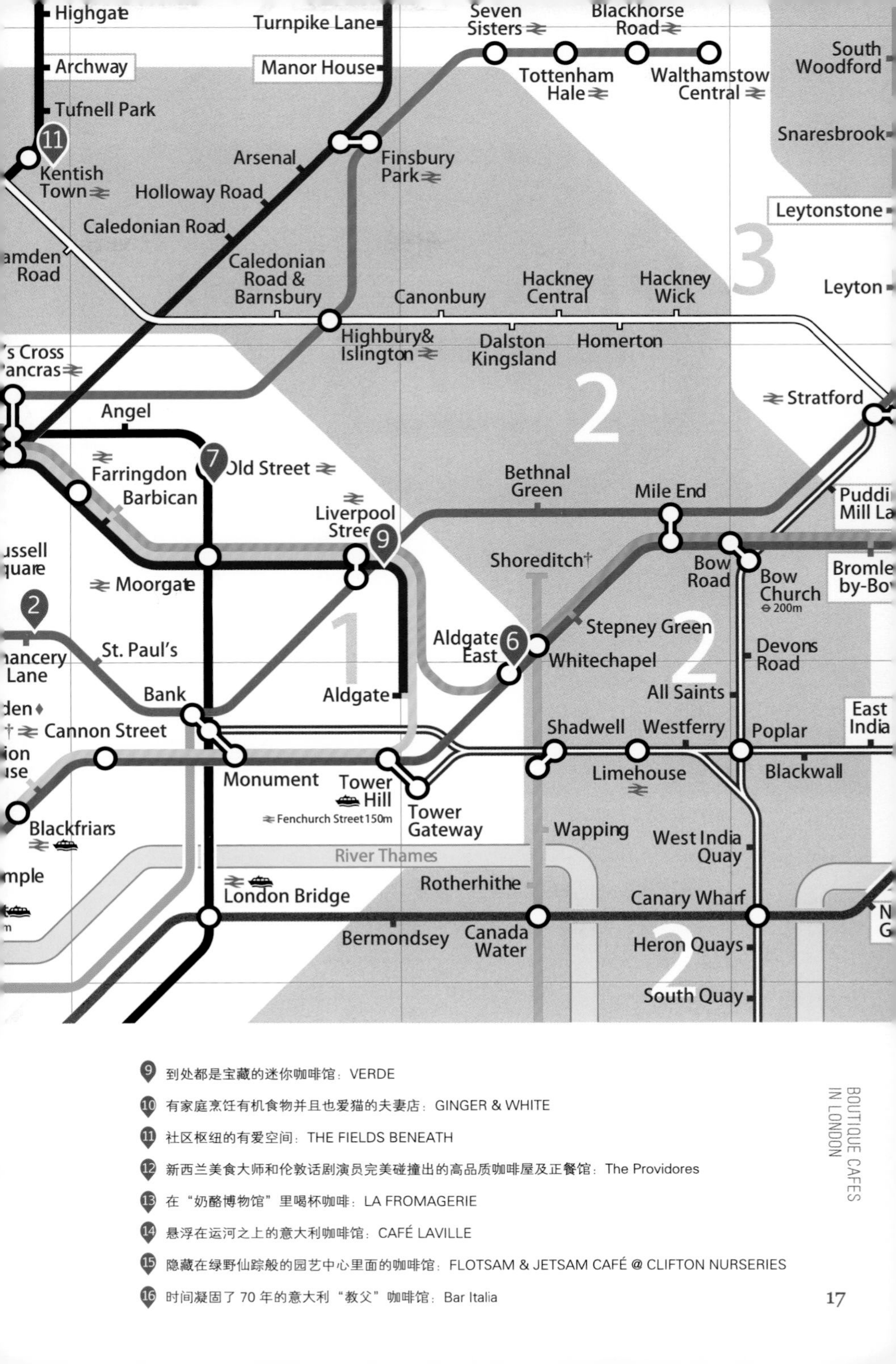

9 到处都是宝藏的迷你咖啡馆：VERDE

10 有家庭烹饪有机食物并且也爱猫的夫妻店：GINGER & WHITE

11 社区枢纽的有爱空间：THE FIELDS BENEATH

12 新西兰美食大师和伦敦话剧演员完美碰撞出的高品质咖啡屋及正餐馆：The Providores

13 在“奶酪博物馆”里喝杯咖啡：LA FROMAGERIE

14 悬浮在运河之上的意大利咖啡馆：CAFÉ LAVILLE

15 隐藏在绿野仙踪般的园艺中心里面的咖啡馆：FLOTSAM & JETSAM CAFÉ @ CLIFTON NURSERIES

16 时间凝固了 70 年的意大利“教父”咖啡馆：Bar Italia

以音乐为灵魂的 20 世纪 50 年代的咖啡馆

TROUBADOUR

地址：265-267 Old Brompton Road, London, SW5 9JA

最近地铁站： West Brompton Road / Earl's Court

网站 : https://www.troubadourlondon.com

营业时间（十分复杂）：周一至周三 : 11:30am—0:00pm

周四 : 11:30am—2am*

周五、周六 : 10am—2am*

周日 : 10am—0:00pm

* 花园每晚 10:45pm 关闭 *

电话 : +44 20 7341 6333

咖啡豆： Angelucci

咖啡机：Gaggia

文字：茉莉 / 图片：Deborah Chen

居住 Earl's Court 这一区的人，多数是社会名流之后，他们出身优越，受过贵族学校的教育，但反传统，反束缚，反社会等级，追求自由。英语中有个词组叫“Boho[1] Chic”，也就是“波西米亚式的时髦”，最适合形容这一区的人群：粗线毛衣，翻羊皮背心，西部牛仔式的皮带，褪了色的羊毛靴子，都是 Boho Chic 的标志性装束，在不羁和随意中演绎着他们对时装的品位，对人生的态度。

从伦敦著名的 Earl's Court 会展中心[2]向南走 5 分钟，就是伦敦最老的咖啡馆之一——Troubadour。从 20 世纪 50 年代的咖啡屋，到现在集咖啡馆、酒吧、酒窖、画廊、音乐俱乐部于一体的综合娱乐场所，这近 70 年的“光辉岁月”确立了它在伦敦人心目中的“江湖地位”，但无论怎样扩展，音乐是 Troubadour 的灵魂，咖啡是 Troubadour 的血液。“Bob Dylan 在伦敦的首场演出就是在这里！”服务生总是这样骄傲地向初来此地的人们介绍。

推开那扇古老的木门，就仿佛推开了时光之门，回到了 70 年前。是那些古旧的装饰物，是那幽暗的灯光，是飘浮在空气中的老木头家具的味道，还是那幽幽的布鲁士音乐？

先说说这名字吧。“Troubadour”是个少见的词汇，在英文、法文、意大利文、西班牙文中拼写是完全相同的，都是指以

[1] Bohemian 的缩写，Bohemian 即“波西米亚”。

[2] Earl's Court 于 1937 年建成，是一年一度的“伦敦国际书展”（London Book Fair）的举办场所，除此之外，这里定期举办时装展、家具展、宠物展、电子产品展，等等。2012 年伦敦奥运会的排球比赛曾在这里举行。感兴趣的朋友可以到网站上看一下最近的展出：https://olympia.london。

前那些行走于村落之间以演奏音乐而讨生计的人，其音乐以骑士精神和宫廷恋爱为主题。最先源于法国东南部，然后传入欧洲其他国家。现在这个词是指自己作词作曲演唱的原创音乐人。由此可见这家咖啡馆和音乐的深厚渊源。如果留心，你会发现吧台对面的墙上挂着一幅泛黄的老画，那就是一位弹奏鲁特琴的“TROUBADOUR”的画像。

弹奏鲁特琴的“TROUBADOUR”的画像

1954 年，Troubadour 由一对加拿大籍荷兰夫妇 Michael 和 Sheila van Bloemen 创建，当时正处于“伦敦第二次咖啡文化大革命”（即近代第一次咖啡浪潮）。那个时候，咖啡屋就已经不是单纯的“喝东西的地方”了，而是文人、学者、作家、演员、艺术家聚会交流的地方。咖啡馆已经形成了无拘无束、畅所欲言的气氛。大家只要花上一个便士，就可以在这里“免费取暖”（对当时没有发迹的艺术家来说，这还真是他们来咖啡馆的原因之一呢！），和其他的客人聊天，争论，激发灵感。很多小说剧本里的人物，可能就是作者在咖啡馆里偶遇的人呢！

Troubadour 是那时最受欢迎的一家：伦敦的报纸 Private Eyes 最初在这里建立发行，以诙谐机智的口吻针砭时弊；Bob Dylan 第一次在英国演出是在这里，当时他还是不知名的音乐人。Paul Simon，Charlie Watts， Sammy Davi，Jimi Hendrix，Led Zeppelin 这些爵士、摇滚界的元老经常在这里即兴演出；爱尔兰著名演员 Richard Harris 在这里遇到他的妻子（当时她在 Troubadour 刷盘子）；Ken Russell（英国著名电影导演）在这里遇到 Oliver Reed（英国著名男演员），总之来过这里的名人不胜枚举。

如今，Troubadour 已经三易其主了，但每一任的主人都保留着 Troubadour 的灵魂和特有的魅力。现任主人是 Susie 和 Simon Thornhill 夫妇，于 1998 年 6 月接管 Troubadour。当时的 Troubadour 已经有点“荒废”，渐渐失去往日的辉煌。Thornhill 夫妇决定让 Troubadour 重振雄风，因为它独特的历史和地理位置实在让他们钟爱。夫妇俩带着两个女儿干脆就搬进了楼上的公寓，便于管理，此后又有了儿子汤姆。

夫妇俩接管 Troubadour 之后买下了隔壁的店铺，并且扩展了其经营范围，但仍坚持着 Troubadour 的原创风格和与音乐的密切联系。内部装饰和家具基本保持了原样。后花园由老板娘 Susie 亲自打理，天气晴好的时候一定要到花园里坐坐，和室内的幽暗调调形成鲜明的对比。藤蔓、木椅、老油灯、格子布、小雕像——活脱脱一个迷你版的绿野仙踪的世界。地下的俱乐部[①]继续邀请不知名的音乐人演出。Susie 说："音乐将大家汇集到一起，无论你的国籍、背景和年龄，你只要付六七个英镑就可以来听伦敦优秀音乐人的演出，支持原创音乐，享受音乐带给你的快乐！英国流行音乐界大咖，拿了好几个格莱美音乐大奖的 Adele（阿黛尔）16 岁时就曾在这里演出过。" 主人希望给有才华的音乐人一个展现自己的舞台，这些音乐人，因为有对生活苦乐的深切体验，写出的音乐尤其打动人。在这个"免费下载"的时代，伦敦人仍然会去听现场音乐会（live gigs），支持原创音乐，如今音乐人的收入大部分来自现场演出。所以，如果你来 Troubadour，一定要提前在网站上看一下演出计划。

[①]每周都有不同的演出，除了音乐，还有单口喜剧（stand-up comedy）、诗朗诵，到网站上看一看吧。

通往地下演出厅的走廊

谈到咖啡，一天要喝十杯咖啡的 Susie 说："卡布奇诺仍然是这里销量最高的产品！Troubadour 最早就是家咖啡馆，咖啡永远是这里的'主打产品'。"他们选用的咖啡豆是著名的意大利品牌 Angelucci[①]，因为当年伦敦人评选最受欢迎的十大咖啡馆，其中七家都是选用 Angelucci 的咖啡豆。咖啡机呢，也是顶级的意大利品牌之一 Gaggia，人称咖啡机里的法拉利。但 Troubadour 没有别的咖啡馆的"花样"，不做花式咖啡，不在咖啡上画漂亮的拉花，就是最基本、最经典的几款咖啡，展示着纯粹意大利咖啡的浓郁，有种回归本质的朴素。

趁着和 Susie 喝咖啡的机会，我顺便问了她关于那扇大门的故事。Susie 抿了一口咖啡，笑着说："那扇门呀，和这家咖啡馆一样老！开店之初就有它了，是艺术家 Glyn Davis 的杰作。你看，这门有三个层次，分别是天堂、人间、地狱。每个层次中的人物，都手持一种不同的乐器在演奏，看来无论在哪里，都少不了音乐和音乐人（即 Troubadour）呀！"

她说每天都会看到一些熟悉的面孔，还有一些意外的惊喜，比如有一天，一个小伙子进来，说门前的那棵树就是当年他爷爷栽的。雕刻大门的 Glyn Davis 的干儿子也时常造访。还有每天都会坐在同一个位置喝咖啡的白头发老绅士，优雅地翻着报纸，和

[①] Angelucci 是非常有名的意大利咖啡豆制造商，1929 年成立，有 90 多年的历史。曾在伦敦最中心的地带 Soho 有家不过 20 平方米的小店铺，生意十分好，正所谓"山不在高有仙则灵"。于 2010 年搬迁到 472 Long Lane, East Finchley, London N2 8JL。

那扇有故事的手工木刻大门和客人捐赠的众多古董咖啡壶

周围的装饰那么协调，活脱脱像从 20 世纪 50 年代伦敦的老电影里走出来。Troubadour 是个匣子，是人们积攒记忆的匣子，偶尔打开看看，往日的时光尽在眼前。

我喜欢坐在吧台后面临窗的那个角落，或者翻看杂志，或者观察其他的客人和窗外行人。室内的一切永远让我着迷——窗台上摆满的各种各样的老咖啡壶（都是客人主动捐赠的），好像是一个小型博物馆；房梁上悬挂着老式咖啡杯、乐器、油灯，还记录着当年的喧嚣；吧台上展示着 Troubadour 刚开业时用的咖啡机，已经功成而退了，但仍是镇店之宝；墙上挂着很多著名音乐人的唱片，封面都是在 Troubadour 拍摄的。听 Susie 说，他们时常接待来这里拍电影的人。是呀，在伦敦能找到这样一家保存完好的老古董店，真是不容易，连道具也不用带，这里的环境完全就是 20 世纪 50 年代的原貌。

主人在每张桌子上都点亮一支摇曳的蜡烛，旁边的酒瓶里总是插着一支新鲜的玫瑰。无论冬天夏天，无论白天黑夜，Troubadour 都是幽幽暗暗的。在烛光中，我仿佛穿越到五六十年代……忽然想起伍迪·艾伦的电影《午夜巴黎》（“Midnight in Paris”），我们每个人心中都有个“黄金时代”，我的黄金时代就是 Troubadour 创立的那个 20 世纪五六十年代——那个有奥黛丽·赫本，有玛丽莲·梦露，有披头士乐队的年代。那个时代的女装是最优雅的，那个时代的黑白电影是最经典的，那个时代的摇滚乐是最震撼的。可是每个时代都有它的动人之处，也有它的局限之处，比如，没有智能手机，没有社交媒体，没有抗生素，不是吗？所以呀，活在当下，珍惜我们这个时代给予我们的一切，也珍惜过往岁月里前辈留给我们的老货，偶尔来 Troubadour “穿越”一下，在当年的氛围里，坐在早已磨得光光的座椅上，喝一杯咖啡，听听那时的老歌，享受一下新旧两个世界的美好——没准儿你坐的那个角落就是当初某个名人坐过的地方呢！

在 20 世纪 50 年代的老咖啡机后面工作的主理人 Susie

Susie 骄傲地介绍，墙上挂的获白金唱片的这些音乐人都在 Troubadour 演出过

帮我拍照的女友 Deborah 小姐

在晴好的日子里一定不能错过老板娘亲自打理的后花园

BRAUEREI
HAUS
GEGRUNDET 1791

PRIVATE
PLEASE OPEN
CAREFULLY

COLMAN'S STARCH

SOAK THE CLOTHES-THAT'S ALL!
Rinso
SAVES COAL EVERY WASH-DAY

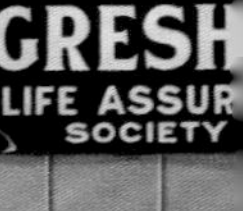
SOCIETY

20 BEST RECIPES
Observer
The New York Times
Nature's Joystick: The Human Brain

在 Troubadour 穿越回到旧日时光

世界咖啡大师赛冠军的咖啡馆

PRUFROCK

地址：23–25 Leather Lane, London, EC1N 7TE

最近地铁站：Chancery Lane

网站：http://www.prufrockcoffee.com/

营业时间：周一至周五：7:30am—4:30pm; 周六、周日：9am—5pm

电话：+44 20 7242 0467

咖啡豆： Square Mill, Black Eagles, Mythos1 等

咖啡机：Nuova Simonelli

研磨机：Mazzer

文字：茉莉 / 图片：茉莉 & Oliver Hooson

提到伦敦的咖啡馆不提 Prufrock，就好像提红酒不提 Petrus 一样，因为 Prufrock 的主人之一，就是荣获 2009 年第十届世界咖啡师大赛冠军的 Gwilym Davies，伦敦咖啡界的 golden boy。

2009 年参加第十届世界咖啡师大赛决赛的 Gwilym

自英格兰北部约克郡的 Gwilym，有些像我们中国的东北大汉，一脸络腮胡，头戴鸭舌帽。坐下来聊天时，才发现这个“东北大汉”有他内向甚至羞涩的一面。Gwilym 喜爱旅行，他在 2007 年辞掉在约克郡的办公室工作，在泰国晒了两个月的太阳，然后去新西兰，在奥克兰一家叫 Atomic 的咖啡店打工。“我很惊讶于他们对咖啡的尊重和热爱竟达到了崇敬的地步！回到英国后，我就决定离开约克郡，来伦敦学做咖啡。我老妈大吃一惊，觉得我是堕落了！”Gwilym 大笑。功成名就的 Gwilym 有一半的时间周游世界，一边旅行，一边培训咖啡师，另一半时间在伦敦，住在运河上的船里。[1] 他还多次去过北京、上海呢！

初创合伙人 Jeremy 来自澳大利亚的悉尼，当初漂洋过海来到伦敦是奔着音乐来的。来到伦敦后一边在咖啡馆打工，一边做音乐。他和 Gwilym 就是在 Monmouth Coffee[2] 工作时认识的。可惜疫情期间，Jeremy 已经离开伦敦，举家迁回澳大利亚了。

Prufrock 于 2011 年开业，现在这个地址原来是一家书店。在这里和 Gwilym 聊天，听他缓缓地讲述"伦敦咖啡四次浪潮"吧！

"第一次浪潮是 20 世纪 50 年代，第二次世界大战后英国人又开始喝起咖啡了，咖啡馆开始复苏，但大多数家庭喝来自美国的速溶咖啡，Folgers, Maxwell House 就是家喻户晓的品牌；第二次浪潮是品牌连锁店，像我们熟知的一些美国、意大利的连锁咖啡馆，人们开始更严肃地培养对咖啡的品味，经过训练的咖啡师，使用新鲜烘焙的豆子。而咖啡馆也逐渐成为人们除了家和办公室的'第三空间'，环境也是重要的卖点之一；第三次浪潮便是独立咖啡店的兴起了，其中很大程度是受澳大利亚和新西兰的影响。他们追求'独一无二'，追求简洁纯粹的高质量咖啡，而不把商业价值和空间环境放到首位。可是从 2007 年到现在，已经又有点模式化的危险了。"他看出了我的疑惑，解释道："不少独立店的设计都是简洁的北欧风格，音乐也都是环境风的，灯泡是那种裸露的，咖啡的品种也越来越自以为是地简洁。我们不希望咖

---

[1] 在 Café Laville 一文中有对运河更多的介绍和图片。

[2] 本书有单独的文章介绍 Monmouth Coffee。

啡店只把精力花在这些公式化的东西上。”Gwilym 说：“是的，我们不推崇复杂的花式咖啡，但是也不能走另一个极端。比如说，如果所有的咖啡都不加糖，这就走得太远了，把顾客抛在了后面。”我又急着问：“那第四次浪潮呢？”他说：“就是更高端的咖啡店，面对对咖啡较真的顾客，提供更高品质的咖啡。选用来自著名咖啡产区的最精良的咖啡豆，由咖啡场工人手工挑选，没有一粒坏掉的豆子，外表光洁，甚至大小都相同。用最快最保险的方式运到伦敦，然后由有经验有资格的咖啡师制作。这样的一杯咖啡要卖到 5.5 英镑。”我暗想：这么优质的咖啡卖 5.5 英镑实在是很良心的价格！

店面的设计风格契合了大师平易近人，不浮夸的个性

由英国艺术家 Martin Kingdom 绘制的兔子已经成为 Prufrock 官方的标识，印制在各种产品上

简洁干净的卡座

Prufrock 位于伦敦中心 Chancery Lane 这一区。“chancery”就是“大法庭”的意思，你可以想象，这是个法律界的地盘。不错，这里有大大小小几百家律师行，每日穿梭着表情严肃，身着黑色西装的律师们。有趣的是，在英文中 barrister 是出庭辩护的大律师，而 barista 则是咖啡师！这两个词拼写相似，发音也相似，怪不得连英国人也搞不清楚。玩玩文字，Prufrock 就是在 barrister 聚集之处的 barista！碰巧的是，Prufrock 的运营经理，来自纽约的 Jessica，就是曾经做过 barrister 的 barista。

位于律师界精英汇集的 Chancery Lane 的店铺外观

Prufrock 除了咖啡，还供应各式健康轻食

另外，Chancery Lane 一区有一条英国最著名的“珠宝一条街”——Handon Garden。远在中世纪，这里就是珠宝商聚集之处，也是英国最大的钻石交易场所，大大小小，足有 300 多家珠宝商，而其中最著名的，就是 De Beers。除了法律和珠宝，Chancery Lane 也是英国著名的出版业、广告业、设计业巨头聚集之处，比如路透社、Grey、Terrapinn。

所以可以想见，周一到周五来 Prufrock 的客人是多么的严肃！而周末，却是另一番景象，有来温书的学生，有来自世界各地的游客，还有轮滑爱好者。这不，这个初春的周日，我坐在窗边，窗外忽然一片嘈杂，原来一队长长的轮滑爱好者正呼啸而过。突然从队伍里蹿出两个人，一个华丽的急转身，加入到买 Prufrock 咖啡的长队中。又忽然听到身后一声欢呼，原来两个来自新加坡的男孩在这里偶遇另外两个来自新加坡的朋友，Prufrock 的咖啡还有这样奇妙的功能！

周末的 Prufrock，汇集了各色的游客，偶遇了一队轮滑者

Prufrock 旁边有个叫 Ye Olde Mitre[①]的酒吧，有460多年的历史，在 Prufrock 喝完咖啡，就去 Ye Olde Mitre 再喝杯啤酒吧！

临走时，突然想起问咖啡馆的名字 Prufrock 的来由，Gwilym 慢慢品着他的咖啡，悠然道来："这名字来自诗人 T. S. Eliot[②]的一首诗——"The Love Song of Alfred Prufrock"，其中有一句是 'I have measured out my life in coffee spoon'（直译：我是用咖啡匙子丈量了我的生命，意思就是 '我在咖啡中度过了我的一生'）。"原来 Prufrock 除了咖啡，还有诗人的情怀！

回家后找出这首诗细细品味，并找到查良铮和汤永宽的译本，我放在了本书的附录三。在午后，喝一杯咖啡，读读英伦诗人的诗词，真是美妙呢！

Ye Olde Mitre 酒吧的后院

[①]地址：1 Ely Court, Ely Place, London, EC1N 6SJ。这家酒吧于 1546 年开业，原本是大主教 Bishop Ely 家丁的住所，大主教的官邸就在旁边。有一段传说，16 世纪英国伊丽莎白女王一世曾和宠臣 Sir Christopher Hatton 在庭院里的樱桃树下跳舞，这棵树的根现在还保留着。Ye Olde Mitre 曾荣获 2013 年伦敦最佳酒吧的称号 (London Pub of the Year)。

[②]英国诗人艾略特，THOMAS STEARNS ELIOT，出生于 1888 年，1910 年获得哈佛文学硕士，同年冬，他来到巴黎大学研读东方哲学，深受哲人亨利拜尔歌桑（HENRY BERGSON）的影响，1914 年他光顾了牛津大学梅冬学院（MELTON COLLEGE）。1948 年获得诺贝尔文学奖。

在 Prufrock 学习制作 espresso 的笔记和心得

老师：Jeremy Challender

咖啡豆：Union Coffee

咖啡机：Nuova Simonelli

我喜欢喝咖啡。这些年的喝咖啡经验，让我喝一口就能尝出它的好坏，练就了敏感刁钻的味觉。我想寻求答案，为什么每家咖啡馆制作的咖啡质量相差如此之大，其中有什么秘密呢？

Prufrock 定期举办学习班，也面向像我这样的业余爱好者，由 Prufrock 的（原）主理人之一 Jeremy Challender 主讲。每个月第一个周六，是 espresso 的制作；第二个周六，是拉花艺术（latte art）；第三个周六，是其他的萃取方法，比如虹吸（siphon）、爱乐压（aeropress）、滤网式（filter coffee）。另外，还举办不定期的咖啡品尝会。

周六早晨，起了个大早去听课。一堂课三个半小时下来干货满满，理论加实践，我最大的感受是：Small things make big differences。使最终结果相差悬殊的，往往是细节上的问题。决定一个咖啡师的档次，是要持之以恒地保证每一杯的水准。

Jeremy Challender 指导茉莉按压要用力均衡

1. 咖啡豆的选择

大家都知道，咖啡只适合生长在赤道附近及南北纬 25 度的地区，这主要包括非洲，比如肯尼亚、埃塞俄比亚和拉丁美洲，比如巴西、危地马拉、哥斯达黎加、哥伦比亚，等等。当然，亚洲也有咖啡产地，比如我们中国的云南，还有印度和印度尼西亚。

每个季节，最好的咖啡豆都产在不同的国家，从南美，到中美，到南亚，到东非，它们的采摘期不同，运输期也不同。请参考下图。总的来说全年都有优秀的咖啡豆轮换上市。好的咖啡豆，如果包装得好，运输条件好，是可以保存一年的。当然，在咖啡馆里流转速度快，一般都是用最近一两个月到的货。

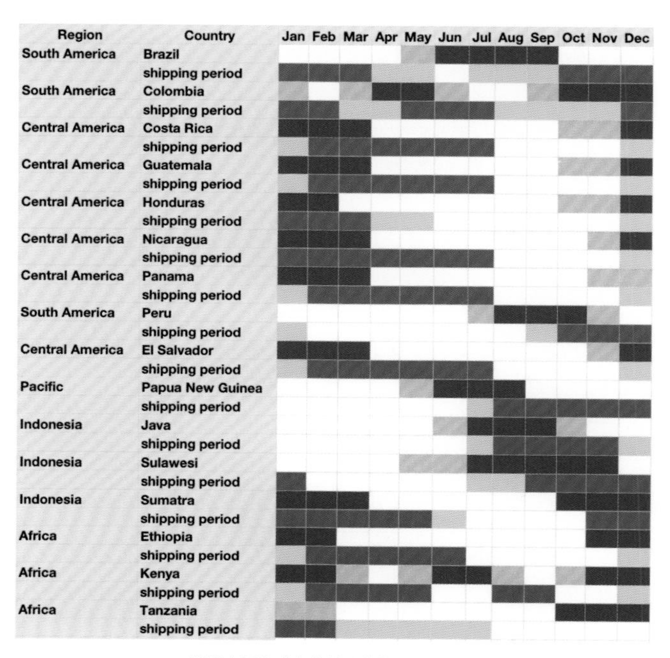

世界主要咖啡产地的采摘期及运输期

2. 咖啡豆的烘焙

大多数咖啡馆不会自己烘焙，因为烘焙炉体积大，有一定的噪音，再加上要有专业人士操作，对时间和温度的掌握都很严格，所以一般都是外包给咖啡豆供应商。（本书介绍的 Nude Espresso 是个自产自销的特例。）

3. 咖啡豆的研磨

烘焙好的咖啡豆要放在真空包装袋内，使用时放进研磨机里磨成粉，一般三四天内就要用完，越新鲜越好，如果超过 15 天，就不该再使用了。研磨机是可以调节的，可以磨出颗粒不同的咖啡粉。颗粒大，那么颗粒之间的空隙就大，水流就快，对咖啡的萃取就弱，咖啡的味道就淡些。反之亦然，咖啡粉磨得越细，咖啡的口感越浓郁。

以上三步，小的咖啡馆都交给咖啡豆供应商了，但制作这一步一定要在咖啡馆进行，是考验技术的时候了！同样的咖啡粉放在不同的咖啡师面前，做出的咖啡口味是很不同的。

4. 咖啡机的选择

好的咖啡机可以更好地控制水温，比如，Prufrock 的经验证明，水温在 93.5°C 时是最好的（90°C—95°C 都可以，不要问为什么，完全是实践出真知。当你试验了成千上万次，就知道了），这就需要咖啡机有可以微调水温，每次增减 0.5°C 这样的精准度。另外，还需要咖啡机能恒久地保持这个水温，才能保证做出的咖啡味道是一样的。

Prufrock 用的是 Nuova Simonelli，本书中介绍的其他咖啡馆的咖啡机也都不错，比如 La Marzocco，Gaggia。

好，让我们开始制作咖啡吧！

1. 增压滤碗

在装咖啡粉之前，先要把滤碗内外清洗干净。我注意过有些连锁咖啡馆，有时并不是每做一杯咖啡都清洗滤碗的，因此已经被萃取过的咖啡粉被二次、多次萃取，使得咖啡的味道苦而涩。

清洗后，要用干净的干毛巾将水完全抹去，如果滤碗内有水，那在下一步装上咖啡粉后，就会在湿的地方提前萃取，影响咖啡的口味。

增压滤碗

2. 装咖啡粉

●做一杯 double espresso（双份），标准的咖啡粉用量是14g—21g，Prufrock 的经验证明，18g 是最好的，上下浮动 0.2g。Jeremy 说，他们的咖啡师都很有经验了，但他还是要求他们用秤来称。较真？是的！所以 Prufrock 的咖啡质量才会那么高，那么一致。

●先把空滤碗放在秤上，清零，再装咖啡粉。

●在滤碗里装入咖啡粉后，要用手指轻轻地摊平，可以从高出的那部分，慢慢向低洼处推，然后张开食指和中指成 V 字形，顺时针将粉推平，一般这个动作做三次，也就是一次 120 度，三次保证全部铺平。如下图。

摊平咖啡粉

3. 填压

•这一步看似简单，并且我知道有一些连锁咖啡店是不做这一步的，节省了时间，但其实对咖啡的口感有很大的影响。填压的目的是使咖啡粉能在下一步均匀地被萃取。

•在上一步装粉的过程中，咖啡粉是松软地、不均匀地盛在滤碗内，如果不经过填压这一步，那咖啡粉内部就是有实有虚，水流的特性就是倾向往虚的地方流，因为阻力小，那就会出现“穿孔”(channelling) 这一现象。由于水流在虚处萃取过量，而在实处萃取不足，做出的咖啡苦涩，没有丰富的口感。

填压这一步要用填压器，Prufrock 用的滤碗是直径 59mm，填压器当然要略小，是直径 58mm（这个并没有统一规格，大小由你使用的咖啡机来定）。填压前一定要把滤碗放到平整的胶皮板上，握住填压器的手柄，拇指和其他四指平均分开，向下均匀用力，一般在 30 磅左右的力度最佳。先在拇指下用力，再在食指下用力，然后转动填压器 90 度，重复这个动作。

•填压好了，咖啡粉表面是均匀光洁的，将滤碗翻转过来，咖啡粉不会漏下，证明填压成功。

用填压器填压咖啡粉

4. 萃取

萃取就是咖啡机对热水施加压力，一般在 135psi，带着压力的水进入咖啡粉，会使咖啡粉乳化，将其成分融入水中，再流入杯中。现代的咖啡机只要按一下按钮，这个过程就自动进行了。

将增压滤碗以 45 度安装到咖啡机的冲煮头上，然后摆正，确保没有错位或留有空隙。初学者应该在咖啡杯下面放一枚小秤，因为控制萃取一方面是通过时间，另一方面是流出的咖啡的重量。前面说过，制作 double espresso 用的咖啡粉是 18g，萃取时间应该控制在 25—33 秒之间，Jeremy 的经验是 28 秒最佳。咖啡机上会显示时间。这样的话，这杯咖啡大约是 30g 重。如果在 28 秒内你的咖啡重量超过 32g，那是因为咖啡粉颗粒过大，水流速度过快，咖啡的口感会单薄，不够丰富。你看，这就是科学和艺术的结合！

5. 清洗

增压滤碗在每做完一杯咖啡后就应该清洗，咖啡机上的冲煮头（和增压滤碗接触的地方）要每半小时清洗一次，而且要用硬塑料刷子才能清洗干净。咖啡机要及时清洗，经验上说来是每做 100 杯咖啡，就要大清洁一次，才能保证咖啡的口感。在 Prufrock 这样流量大的咖啡馆，每天要清洗咖啡机内部两次，小一些的咖啡馆，可以只在打烊后做一次彻底清洗。

这就是一杯 espresso 的制作过程，看起来不难，但要注意每一步的细节，一丝不苟地控制用量、时间并清洁，那做出的咖啡就合格了！不要觉得这是照本宣科，初学者最好还是遵守这套程序和定量，因为这是有经验的咖啡师经过几千几万次的实验总结出来的。在你熟练掌握之后，也可以自我发挥，根据咖啡豆的特性和你个人的口味偏好来调整这些用量。

其他的花样咖啡都是在 espresso 基础上添加牛奶。至于咖啡上的拉花，是锦上添花的步骤，漂亮，出彩，但一杯咖啡的好坏还是取决于 espresso 这个“核心”和“基础”。

在后面的文章中我们再聊聊怎么评价咖啡的好坏，怎么品味咖啡的口味和层次感。

以七晷柱为中心的七条通

Seven Dials 七条通的历史和今天

坐落于伦敦中心的七条通（也叫“七面钟”）地区，东临考文特花园 (Covent Garden)，西接苏豪区 (Soho)，最早是因其错综复杂的交通规划而闻名。很多游客第一次得知七条通这个区域，是通过狄更斯的《博兹札记》，其中作者描写道：“这个异乡人第一次来到七条通地区……面对七个路口他踌躇犹豫不知道何去何从……” 如今的七条通，你不需要担心迷路，因为每条路上都有宝藏可以发掘！

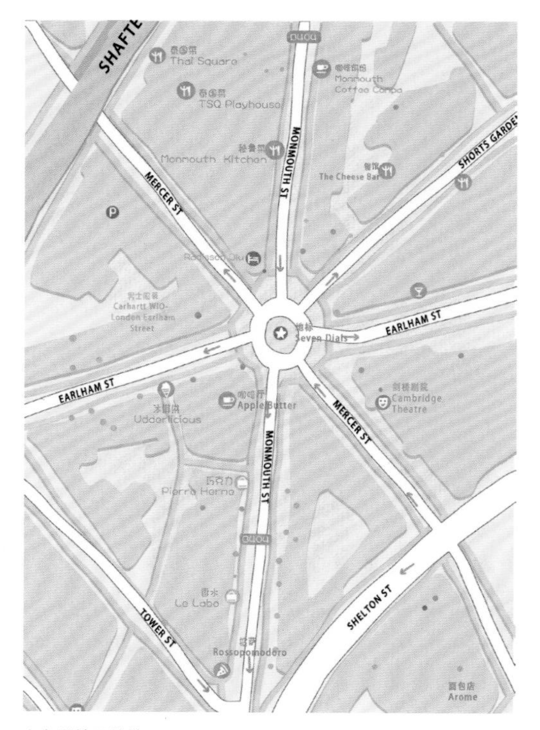

七条通地区的地图

前卫画廊 LUMAS，位于七条通其中的一条 Earlham Street

追溯伦敦的历史，形成这个区域独特的交通规划的起因是源于 17 世纪 90 年代，时任英国首相托马斯 · 尼勒（Thomas Neale）先生的一个决定。当时政府为了在此地尽可能多地建造房屋，决定将建筑一律设计成了三角形以节省空间，导致房屋越建越多，最后竟然形成了七条街道。这就成就了七条通区域如今独特的分布状态。随后托马斯先生任命英格兰手艺最好的石匠爱德华 · 皮尔斯（Edward Pierce）设计并建造了著名的七晷柱——这也是这一地区的另一个名字的由来。曾经托马斯先生对这一区域给予厚望，过程虽然历经波折，但如今七条通区域终于不负众望，成为深受世界各地时髦人士喜爱的、融合了伦敦经典和潮流的重要地标。

这里汇聚了全球的潮牌、时装店、独立精品店、造型设计和传统英伦品牌，是购物爱好者血拼以及挑选礼物的必到之地。超过 50 家独立餐厅、咖啡馆、酒吧聚集于此，不用花上昂贵的价格就可以品尝到最地道的欧洲、非洲和东南亚美食。此外，多家独立精品巧克力店也在这里。夏季时，在 Earlham Street 上还会有露天集市。对于身处北欧的伦敦人来说特别珍惜短暂的夏天，他们简直爱死了露天餐饮（Al Fresco）！本身纬度就高且调整夏令时的伦敦，要晚上 10 点才会黑天，大家可以尽情享受夏夜！

除了购物和美食，七条通地区也是伦敦潮流文化的中心地带。在这里伦敦人每年都会举办各类异彩纷呈的活动，从时装节、购物节到美食节，吃喝玩乐一网打尽！绝佳的地理位置连接着附近各大经典剧场。于 Palace 剧院上演的《哈利·波特和被诅咒的孩子》以及在 Cambridge 剧院上演的《玛蒂尔达》等众多经典剧目，极大地满足了戏剧迷的需求。如果你想在吃喝玩乐之余尝试融入一下真正的当地文化，不妨约上三五好友来剧院消磨三五个小时，相信会是一次不一样的体验。

另外要提一下，七条通内有两块“蓝匾”（blue plaque）①第一块在 13 Monmouth Street 楼上，是英国也是全世界最著名的乐队之一“披头士”的经纪人 Brian Epstein 的公司：NEMS；第二块在 Neil's Yard，这里是英国非常有名的喜剧团体 Monty Python②（巨蟒）在 1976-1987 年的办公室。

本书下面要介绍的 Monmouth Coffee 就在七条通的一条分岔路上。

---

①大部分的蓝色牌匾坐落在伦敦，主要是由英国文化遗产管理官方机构所管理，目的是用来纪念该房子、地点与英国各时代著名人物的联结标记，有可能是某一个文学创作家、政治家等曾经居住过的地点、出生地，或某个巨作诞生的房子等。其目的不仅仅是历史的传承，更是希望留下过去著名人士的生活轨迹，让活在现代的我们也能同时活在他们过去的世界，整个伦敦市仅有 900 多块蓝色牌匾。

②"Monty Python"（巨蟒）小组成立于 20 世纪 60 年代后期，是英国六人喜剧团体，喜剧界的披头士。成员包括 Graham Chapman, John Cleese, Terry Gilliam, Eric Idle, Terry Jones, 和 Michael Palin。他们的作品主题和内容丰富多彩，从人生、形形色色的人、阶层、性、性别界定到政府、国家、社会、宗教、经济、战争、体育以及历史、文学、哲学、自然科学、语言等各种学术领域无所不及。他们尤其善于用荒诞不经和超然的方式来挑战和表现各种社会禁忌、规章、权威、不合理现状和刻板印象，风格充满了颠覆性。

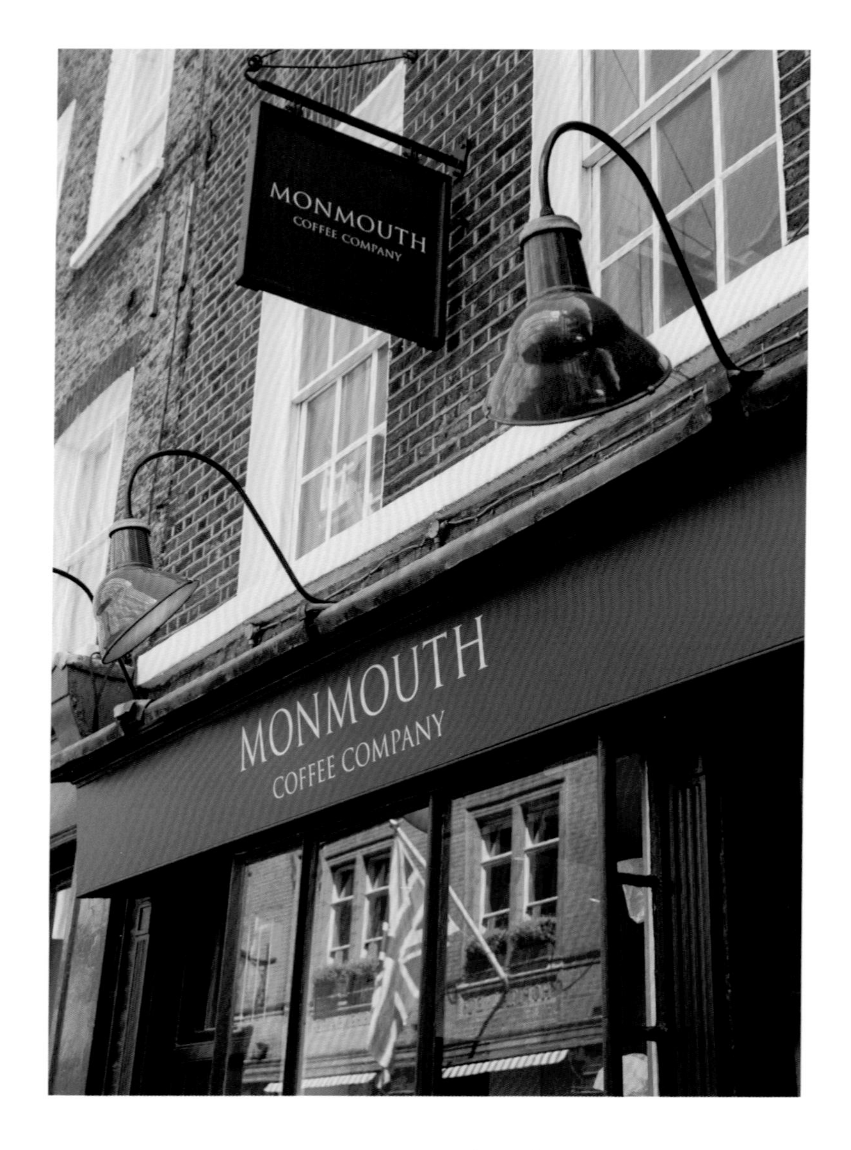

伦敦独立咖啡界的“头牌”

MONMOUTH COFFEE

总店地址：32-34 Monmouth St, West End WC2H 9HA

最近地铁站：Covent Garden / Leicester Square

网站：http://www.monmouthcoffee.co.uk/

营业时间：周一至周六：8am—5pm；周日不营业

电话：+44 20 7232 3010

博罗市集分店地址：2 Park Street, The Borough, London SE1 9AB

营业时间：周一至周六 7:30am—6pm；周日不营业

文字：茉莉 / 图片：店铺官方提供

提起伦敦一定要打卡的经典咖啡馆，Monmouth Coffee 必须是其中一个。英国著名的娱乐指南杂志 Time Out 称赞其为“头牌”，被英国主流媒体 The Telegraph 评为伦敦最棒的十家咖啡店之一。总之，各种媒体的排行榜，就没有见过 Monmouth 不在榜上的。不过我不能偏心，我觉得这本书里的每一家都各有千秋，但是 Prufrock 咖啡馆的创始人 Gwilym 和 Jeremy 就是在 Monmouth Coffee 工作时认识的，你说它的地位呢？孕育世界冠军的咖啡馆！

1978 年老板娘 Anita LeRoy 开始经营 Monmouth Coffee，店名源于在 Covent Garden 开出的第一家门店的烘豆场就在位于“Seven Dials”（七条通）其中的一条叫作 Monmouth Street 的小路上。

远远看着不特别起眼的小小的咖啡色门面上写着大大的 MONMOUTH COFFEE COMPANY。每次路过，门口都排着老长的队伍。作为伦敦最“硬核”的咖啡店，Monmouth 可谓极简，咖啡的萃取方法也只有浓缩和 V60 的手冲这两种。没有舒适的沙发空间，也没有免费 Wi-Fi，可是小小的室内空间，总是挤满了客人。在春天和夏天，很多人买了咖啡，就站在路边交谈。而在寒冷的冬日里，老远地望过去那橙色的灯光里人头攒动，谈笑风生，让人感觉那是个特别温暖的空间。咖啡师们在这样的一个狭小的空间里分工明确，动作熟练，好像是随着音乐起舞，享受其中，这本身就是一种行为艺术。

冬日里的 Monmouth Coffee 律动、温暖、热闹

这家起初只是从事烘焙与零售的小小咖啡店，后来因为备受大家的喜爱，2001 年终于在伦敦南岸 Borough Market[①]对面开了第一家分店。店里售卖各式咖啡、糕点还有独家精选的咖啡豆。从 London Bridge 地铁站出站，跨越车水马龙，从大街转进小巷子，立刻闻到阵阵扑鼻的咖啡香。

[①]中文叫博罗市集，是伦敦十分有名的市集，卖各种新鲜的和稀罕的来自世界各地的食材，值得一去。

位于博罗市集的分店

Monmouth 在伦敦咖啡界 40 多年的江湖地位，大概已不能用简单的好喝不好喝来评判了。这里的咖啡和咖啡豆，是日常刚需，更是一代伦敦人的共同回忆。来伦敦旅游的朋友，买一包咖啡豆回国送朋友，是很不错的选择。

新鲜烘焙的咖啡豆

可以单独购买的咖啡豆或者咖啡粉

手冲咖啡

意式机煮咖啡提倡环保推出的可循环利用咖啡杯

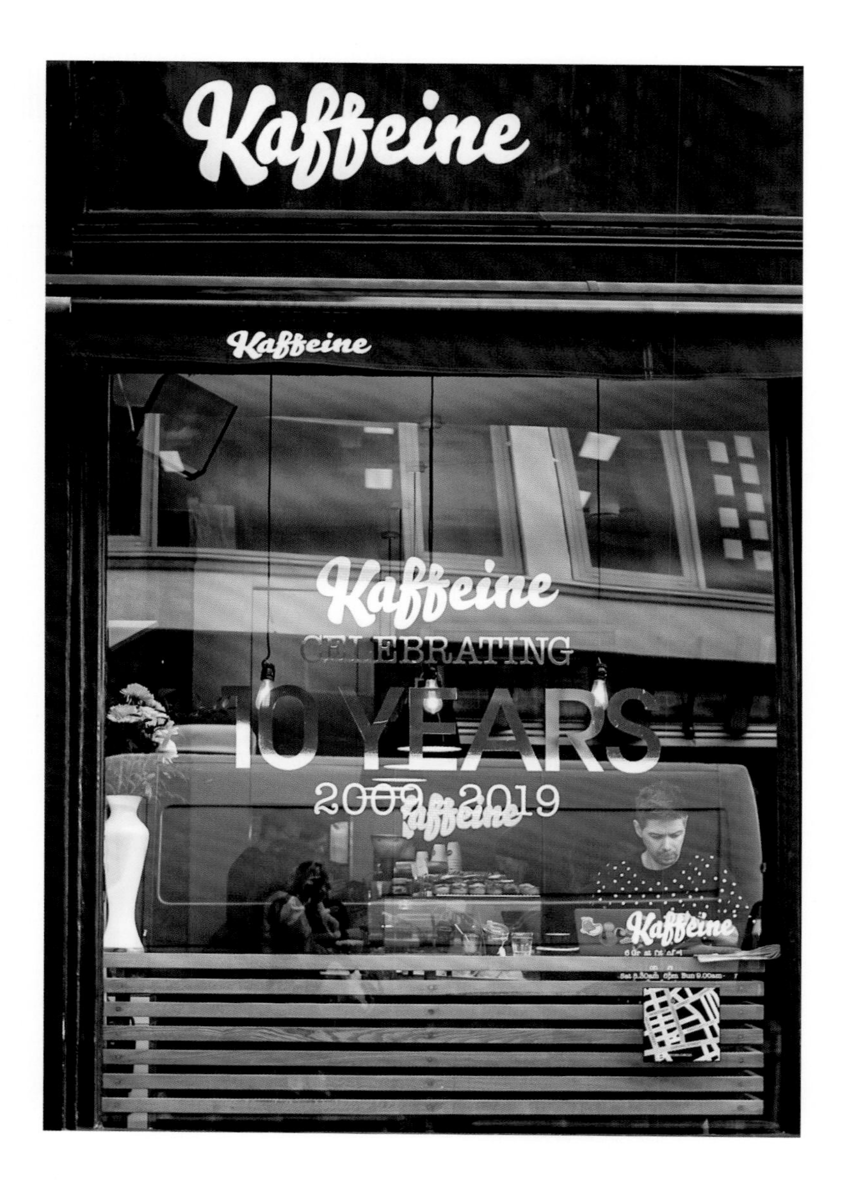

“伦敦咖啡业界的标杆”

Kaffeine

总店地址：66 Great Titchfield Street, London W1W 7QJ

最近地铁站：Oxford Circus

网站：http://www.kaffeine.co.uk

营业时间：周一至周五 : 7:30am—5pm; 周六：8:30am–5pm; 周日：9am—5pm

电话：+44 20 75806755

文字：茉莉 / 图片：店铺官方提供

分店地址：15 Eastcastle Street, London W1T 3AY

最近地铁站：Oxford Circus

营业时间：周一至周五 : 7:30am—5pm; 周六：8:30am—5pm; 周日不营业

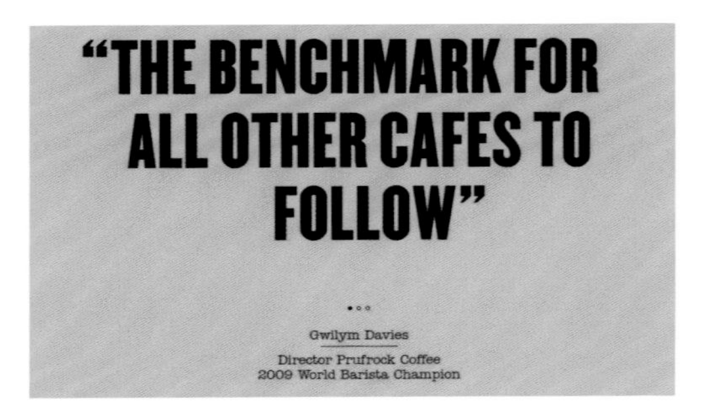

Kaffeine 网站上，Gwilym Davies 称其为“伦敦咖啡业界的标杆”

说 Kaffeine 是“伦敦咖啡业界的标杆”，可不是我放肆胡言的，而是 Prufrock 的创始人，2009 年世界咖啡师大赛冠军 Gwilym Davies 说的。可见，伦敦的咖啡业界是彼此尊重彼此欣赏的。

打开 Kaffeine 的网站，如此大胆用色的咖啡馆网站，这是独一份呢！出挑的正黄颜色的背景，配黑色粗体字，有标语既视感的笃定和自信。长达半分钟的视频，是创始人 Peter Dore-Smith 的老朋友 Kess Bohan 拍摄的。之前的一个版本拍摄于 2009 年，Kaffeine 开店仅三周的时候，我就非常喜欢，它有着让创始人 Peter 落泪的记忆，那时 Peter 每周工作 70 多个小时，而太太正有 5 个月的身孕。

Kaffeine 位于伦敦最繁华的商业区之一 Oxford Street（牛津街）附近，类比上海的南京路、北京的王府井。购物之后，来这里喝杯咖啡歇歇脚，一定要尝一下新鲜健康的沙拉和诱人的甜点！它们和这里的咖啡一样，不会让你失望。如果你很幸运，可以坐在门口的长椅上，看来来往往的人群。

创始人 Peter Dore-Smith 来自澳大利亚墨尔本，1995 年至 1998 年在伦敦短暂地生活过。那时的 Peter 喜欢 House Music①，喜欢跳舞，喜欢躁动，而年过 30 的他回到家乡后，慢慢静下来，此时发现家乡的咖啡馆越开越多，转而觉得咖啡馆是个很酷的社交场所。2005 年他和太太回到伦敦定居，那时在伦敦很难找到一杯味道纯正的好咖啡，后来无意中在 Soho 区发现 flat white.，惊呼这里的咖啡和家乡的一样好！果不其然，flat white. 的创始人 Peter Hall 就是澳大利亚人，而联合创始人和首席咖啡师 Cameron Maclure 则是新西兰人。这个时期无疑是南半球人带起了伦敦的咖啡文化！②从此以后，flat white. 就成为 Peter 和太太常常“朝拜”的地方。

---

① House Music（浩室音乐）最早出现在 Disco 流行的晚期，也就是 20 世纪 70 年代后期。一开始是由芝加哥发展出来的一种音乐，它以类似 Disco 一分钟 120 拍的节奏模式作为基础，随着拍子一强一弱以及加上新型电子合成器与声音取样器来呈现出它的音乐形态。20 世纪 80 年代后期，House Music 在英国十分风行，许多爱跳舞的朋友喜欢在私人仓库或是野外空地来举办 House 音乐舞会。渐渐的，这种风气从英国慢慢地向外扩展到欧洲的各个国家，甚至全世界，形成所谓的 Rave 锐舞文化。在 1985 年到 1990 年的这段期间，House 几乎是霸占了整个的舞曲乐坛。

② Antipodean Coffee Culture。

2007 年，英国人 James Hoffmann[①]赢得了世界咖啡大师赛冠军，在伦敦引起了轰动。他在东伦敦经常举办咖啡品鉴会，Peter 也成为常客。在这样的品鉴会上，不管你是什么肤色，什么性别，什么职业，来自哪个国家，大家都平等而融合，而 James 这位世界咖啡大师常常免费给大家做咖啡。2008 年，James Hoffmann 与 Anette Moldvaer[②]共同创建了伦敦的高阶咖啡豆公司 Square Mile。而 Gwilym Davies (Prufrock 的主理人）也经常在花市里随意地摆一台推车卖咖啡，后来他赢得了 2009 年世界咖啡大师赛冠军。这段时间 Peter 明显感觉到一场咖啡浪潮席卷着伦敦。

店铺的灯光设计，看得出主理人 Peter 的锐舞风

[①]他的书《世界咖啡地图》，2016 年由中信出版社翻译出版。

[②]挪威人，2007 年获得世界咖啡杯测大赛（the World Cup Tasters Championship）并在多项国际业界竞赛中担任评委，例如世界咖啡师大赛（World Barista Championships）、国际咖啡杯测赛（Cup of Excellence）及美食奖（Good Food Awards）。

2009 年，Peter 在太太的鼓励下，开了自己的咖啡馆——Kaffeine，就是“咖啡因 caffeine”一词的变体拼写。“我想自己24 年在餐饮业的经验是一个优势。我在选址上也大大地下了功夫:我想吸引的顾客群是艺术文化、传媒、电子商务、设计与建筑行业的从业者。Fitzrovia 这区有大量的该类顾客。”

Peter 坦言创业之初的艰辛，他的背后并没有一个财团的支持。伦敦独立咖啡馆那时还不多，主理人都很熟，他们定期聚会，互相分享经验，互相提供帮助。而到了 2011 年，独立咖啡馆就非常受欢迎了。Peter 骄傲地提起，在 2018 年 5 月的一个周五，上午 9 点他发现收银机出了问题，而客人已经排了长队，情急之下，身高 1.93 米的大个子 Peter 就自己跪在地上，在一堆电线中试图找到原因。就在此时，店员忽然告诉他：“Peter！快出来，David Beckham[①]来了。”Peter 赶紧钻出来，跟小贝简单地介绍了自己，小贝买了咖啡就走了，没想到小贝随后在他的社交平台 Instagram 上面发了有 Kaffeine logo 的图，他那时就拥有 5000 多万的粉丝呀！后来小贝成了熟客。

谈到独立精品咖啡的未来，Peter 笃定地说：“如果你一直坚持高品质，一直让你的客人开心，照顾他们的需求，商业利润自然会来。”2015 年 3 月，因为太受欢迎，Kaffeine 在总店的不远处，开了一家分店。更大的空间，不变的品质。

[①]英国著名足球明星贝克汉姆

创始人 Peter Dore-Smith

著名球星贝克汉姆在他的社交平台上发布的图片，点赞一杯 Kaffeine 的咖啡

GIVE ME A COFFEE AND NO ONE GETS HURT

网站上有趣的口号：“给我一杯咖啡，就不会有人受到伤害！”模仿美国西部片的口吻，十分诙谐

flat white.

地址：17 Berwick Street, Soho, London, W1F 0PT

最近地铁站：Leicester Square, Piccadilly Circus

营业时间：周一至周五 8am—7pm，周六、周日 9am—6pm

电话：+44 20 7734 0370

网站：http://flatwhitecafe.com/

文字 + 图片：茉莉

flat white.（馥芮白），就是上文 Kaffeine 的创始人 Peter 曾经常去“朝拜”的地方，也是影响他后来开了自己的咖啡馆的原因之一。

“flat white（馥芮白）”是一种介于拿铁和卡布奇诺之间的咖啡，它主要是意式浓缩咖啡，热牛奶以及奶泡组成的，它和拿铁、卡布奇诺中的唯一不同就在于咖啡、奶泡和牛奶的不同，简单来说就是多一点咖啡少一点牛奶的拿铁。“flat white”被认为是新西兰和澳大利亚两地共同的咖啡。这两个国家都认为这款咖啡是本国制造出来的，而且两地的人们对于这款咖啡也是由衷的喜爱。这款咖啡可以说是新西兰人和澳大利亚人去咖啡店必点的咖啡。

这家直接用咖啡的一个款式命名的咖啡馆，创始人就是来自澳洲和新西兰的 Peter Hall 和 Cameron Maclure。2005 年 9 月开店，是伦敦第三次咖啡浪潮的主要弄潮儿之一。对 flat white 做出最精准的定义和最完美的诠释。身处伦敦最中心的地带 Soho 区，左邻右舍是廉价货市集、红灯区、大胆暴露的性图书店、媒体公司，还有歌舞升平的剧院。flat white. 的咖啡质量是没得说的，尤其是名字最后那个句点，掷地有声，毫无辩驳的余地，黑白分明的简单、经典、较真。

活色生香的“士绅化”进行时
东伦敦的历史和今天

SHOREDITCH, HOXTON, ISLINGTON, CLERKENWELL

东伦敦的城市化发展，是英国城市发展进程中“士绅化”[①]阶段的一个典型例子。“士绅化”的产生是一个城市人口流动的结果。随着比较富裕的中产阶级大量购置某区的房产，并逐渐移居到该区，房价开始上涨，各类与之相配套的店铺和企业也开始相继进入，最终形成一定规模，特质与迁移之前有明显的不同。而那些无法承担起新的消费水准的原居民只能纷纷迁离到更远的地方。诺丁山（Notting Hill）就是英国城市士绅化进程相对成型的地区——从 20 世纪 80 年代开始，“士绅化”进程在那里发生，如今的诺丁山，遍布时髦不凡的店铺，各类很有特色并兼具品位的餐馆和中产阶级的住家已经比比皆是了，房价也是飙升。大家可能想不到，在 20 世纪 50—60 年代，这里是加勒比海一带移民刚到英国时落脚的地方，还有不少印度和巴基斯坦人。

[①]士绅化（Gentrification），词源来自 gentry，传统英国社会中的一个仅在贵族 (noble) 之下的阶层，泛指拥有大片地产无需工作的阶层。

而东伦敦，千禧年之后到现在，正在经历这一进程。

Shoreditch / Hoxton

以砖巷 (Brick Lane) 为中心的 Shoreditch[①]/Hoxton 一带，原是伦敦许多艺术家[②]生活聚居的地区。由旧工厂厂房改建成的住处和廉价的展览空间，减轻了艺术家们的生活负担，能够让他们潜心创作。像 Gilbert & George 这个双人组行为艺术家[③]就从 20 世纪 60 年代开始一直住在这个区，目睹着 Shoreditch 近半个世纪以来的变迁。进入 21 世纪，开始有不少中产阶级（大多是在附近伦敦金融城工作的银行家们）被这里创意另类的文化氛围吸引，便开始在 Shoreditch 购房。房地产商们也开始接连打起“时髦另类”的旗号，开始对此地大举改造。伦敦市政府对这一区进行了统一规划后，大量创意产业进驻该区。

士绅化进程至此，原住民们——那些不够富有的草根艺术家们，无法负担这里的生活成本，也不满意被主流文化入侵，就只能搬迁到更远的地方了，大多是往东北方向的 Hoxton 一带。如今的 Shoreditch 虽然已经不复当年“野生野张”般的纯粹的波西米亚风，却还是伦敦新鲜创意灵感的根据地和发源地，也

[①] Shoreditch 大约是 Old Street 往南，砖巷 (brick lane) 以西，City Road 以东以及 Old Spitalfields 市集以北的一圈。Hoxton 是 Shoreditch 往北的一带。两者皆属于哈克尼区的一部分。

[②] 特别是 20 世纪 90 年代初兴起的“年轻新英国艺术家”群体 (Young British Artists—YBA)，包括 Damien Hirst, Sarah Lucas, Tracy Emin 等。

[③] 吉尔伯特与乔治组合，自 1967 年于中央圣马丁艺术与设计学院相识，以《歌唱的雕塑》(The Singing Sculpture) 粉墨登场，拍档创作至今。

是所有与时尚创意搭边的潮人和创意人猎取灵感的必到之地。Shoreditch 的风采还是和由“老钱”(old money) 砌成的西伦敦(比如 Chelsea, Mayfair) 迥然不同。

从 Old Street 地铁站出来，直面着的就是一个连着好几条大路的直径接近 20 米的大转盘，这儿的岔路选择太多了，尽管对这一区域已不算陌生了，但是每每到了一个路口，我都还是会习惯性地左顾右盼——生怕走错了，怕错过什么精彩，怕漏掉什么新添的景致，其实，在面对岔路口时，无论你做出如何的选择都不会有失望，因为每条路上都一定会有各自的精彩在前面等待着你！人生又何尝不是如此呢？

沿着 Old Street 走下去，第一个大分叉上向右拐是 Great Eastern Street，走几步，横插的一条路是 Curtain Road，向左走过去，布满街头涂鸦艺术 (graffiti) 的一路上有各类特色酒吧 (bar) 、俱乐部 (clubs) 、现场音乐厅 (music hall)、创意餐厅等门类不同，却有共同的特点——绝无连锁[①]。

到了 Old Street 和 Shoreditch High Street 的交界处，一定要在过马路的中心岛屿处稍微休息一下。头顶上时而轰隆隆作响的火车道，面前几条岔路上交错的人群中，你总能观望到一些颇有艺术范儿却自然低调不张扬的 Shoreditch 本地人。无论是穿着还是举手投足间流露出的气质都能让人觉出一种极富个性的大胆和创新，他们支撑着本土化的流行时尚，同时也习惯了世界移民给东伦敦带来的新鲜文化，并做到了将两者自然巧妙地融合在一起，使得这里的文化可以自成一派。

[①]至少我上次去的时候还没有，希望士绅化进程的滚滚车轮慢一些。

如果没有什么特别的目的而只是闲逛，你可以随便沿着任意一条岔道游走下去——沿着 Shoreditch High Street 往北走，路名变成 Kingsland Road，在这条路上你能吃到绝对地道的越南美食。或者可以转回到 Hoxton Square 上，广场的四周有好几家大名鼎鼎的画廊（比如说：White Cube, IBID Projects, Carl Freedman Gallery, Rivington Place 等），大气的敞篷式酒吧，广场当中的绿地更是适合在夏天的午后，一边晒太阳，一边拿上个燕麦有机三明治做个本地人。又或者是去 Hackney Road 绕一圈，再或者一直往北走，看看更加原汁原味的 Hackney 是什么味道，也可以从 Bethnal Green Road 拐到 Brick Lane 看看古着店…… 每种选择应该都不会让你失望的。

生活在这里的人们——媒体人、创意人、艺术家、银行金融业者也包括踌躇满志的学生们和怀揣着艺术梦想的“追梦人”们，他们一同组成了 Shoreditch/Hoxton 特有的文化氛围和价值取向——健康饮食，创造性消费，自己动手 (DIY) 的一切，各国文化交融，循环性二手消费，自信地用不多的钱享受生活，其中也混杂着一些高消费却低调的去处。

Islington

位于伦敦金融城外北边的 Islington，和 Shoreditch 一样，也是伦敦“士绅化”发展的成功典例之一。

一度衰败的 Islington，曾经是从事轻工业生产（以印刷业为主）的收入较低的工人们居住的区域，这里有大面积的工厂厂房。20 世纪 60 年代，和 Hackney 一样，也被中产阶级看好，他们开

Shoreditch：由旧工厂厂房改建成的住处和设计师工作室

“时髦另类”的 Shoreditch，布满街头涂鸦艺术 (graffiti)

始大规模在此地进行 Georgian terraces[①]的改建改造——一时间成为时髦。经过改造，这些房子虽然不比 Chelsea 或者 Hampstead 阔气，但房子高高的棚顶、土黄色的砖墙、白色的窗楣、黑色的栅栏，加上街区内的小广场花园足够称得上体面典雅，再加上还算适中的房价，让这里很快成为城市中产阶级居住的合适选择。另外，这里还有一些维多利亚时期遗留下来的 warehouse[②]，更是被时髦的中产阶级看中，改装成高级公寓。超高的房顶（4 米高），超大的窗户（3 米 x2 米都很常见），裸露的砖墙，室内空间可以任意隔断，房间的层高足够隔成双层的 mezzanine[③]，很对追求复古作为一种新潮的年轻一代伦敦人的口味。

现在的 Islington，还处在“士绅化进程的进行时”中，而非“完成时”。也正因如此，它才使它更具魅力——衰败、繁荣，低俗、高雅，粗陋、考究……一对对儿本该是矛盾的对立面，在这里却能做到相安无事地共处着。虽然伦敦本来就是一座贵族和贫民可以比邻而处的“奇怪”城市，但像 Islington 这样贫富差距很大的人居住在同一区的，还真是比较少见。如今，这里的居民大多是在附近的金融城工作的年轻银行家、艺术家、作家，建筑师等，所以 Islington 给人的主打印象是活力和创造性。正如诺丁山被称为是保守党的“精神领地”一样，Islington 则被看为工党的地盘，英国前首相托尼 · 布莱尔入主唐宁街 10 号前就居住在 Islington。

[①]乔治亚时期（1740 年—1870 年乔治一世至四世时期）建造的房子，terrace 通常是相同的户型连着盖在一条街上，每户之间虽有单独的入口，但是墙壁没有分隔的，因此造价比较低。中国叫“联排别墅”。

[②]仓库和轻工业厂房车间。

[③]半跃层式，也叫“loft”。

这一区的主街就是 Upper Street。南北走向的这条大街是 Islington 的脊柱，从南边的 Angel 地铁站一直通向北边的 Highbury & Islington 地铁站，长达 1 千米。在这条街上，除了一些连锁的时装店、饭店、咖啡屋、酒吧之外，也越来越多地出现了具有独立创意的店铺——古着风的时装店、超现代的家具店、土耳其风情的餐馆、家庭式的日本寿司店、法式的性感内衣店……

在这里有个地方是非常想要介绍给大家的（虽然和"咖啡"这个主题有些不搭边），它就是伦敦著名的现代歌舞剧院——Sadler's Wells[①]！出了 Angel 地铁站向南步行 5 分钟就到了。我曾在这里看过最棒的探戈、salsa、flamenco、伦巴、英式现代舞、日本艺伎舞……不夸张地说，只要在这里上演的舞蹈，都是世界顶级的。建议读者在计划伦敦行程时一定要到网站上看一下演出计划。因为剧院并不大，就算在最后一排也不影响观看效果。

另外，每年 1 月的英国现代艺术节[②]也在这里的 Upper Street 上的工业设计中心（Business Design Centre）举行，这也是伦敦艺术日历上不可不被标记出的一项盛事。

---

①详情请查阅网站 https://www.sadlerswells.com。

② London Modern British & Contemporary Art Fair. 网址 http://www.londonartfair.co.uk/。

Clerkenwell

Clerkenwell是隶属于Islington的，但确实值得单独介绍一下。它东临Bloomsbury，西向延伸到地铁站一带，北至Angel地铁站，南边就是赫赫有名的圣保罗大教堂（St. Paul's Cathedral）。四周都是地标性建筑所在，Clerkenwell能清闲得住吗？

朝拜过圣保罗大教堂，一条传统的推荐路线就是往南走，经过泰晤士河上的千禧桥（Millennium Bridge），再去泰特现代艺术馆（Tate Modern）。这路线固然是经典的，但若是时间足够，圣保罗大教堂北边的风景也一定不要错过——那里是意大利移民聚集的区域，设计公司、屠宰场、酿酒厂、印刷厂、首饰制造工坊、原洗浴场地、大型俱乐部、高级设计家居展示厅、建筑工作室、新兴的特色餐厅——如此种种，都是Clerkenwell一区的关键词。

Smithfield Market，是伦敦保留至今的、历史最悠久的肉食屠宰场。穿过重新喷漆的维多利亚式彩色铁门，会嗅到些许的来自动物的“野味”，再看看周围的街道名——Cow Lane，Cowcross Street，Poultry Avenue……（牛道、牛十字街、家禽大道）都是动物名！从20世纪80年代起，这里就开始大受新晋餐厅的青睐——近水楼台先得月。另外，“Eagle”——首个英国gastropub[①]就诞生于此区。

---

① “Gastronomy 美食学”和“pub 英国传统酒吧”二词联合出的新词。指借用英国传统的酒吧场所重新打造高水平又美味地道的英国及国际美食。20世纪90年代后期开始风靡英伦及美国。

FARRINGDON 地铁站，在伦敦最新落成的伊丽莎白线上

Smithfield Market，是伦敦历史保留至今的、历史最悠久的肉食屠宰场

fabric，英国首屈一指的地下音乐俱乐部

Farrington 地铁站附近的俱乐部中，气场最宏大的，应数 fabric[1]——英国首屈一指的地下音乐俱乐部。这里白天一道灰黑的门，晚上却摇身一变——百千锐舞（rave）派对迷在此大排长队。清晨舞完出来赶第一班地铁，估计正可以跟附近被拉进屠宰场的猪牛们打个照面。想象一下这幅画面！

设计公司和建筑事务所（赫赫有名的 Zaha Hadid 扎哈·哈德事务所总部就在此），在这里的密集程度非常高，附近的餐厅商店酒吧们自然也就要投其所好，都很有独到的设计感。两三百米的 Exmouth Market 步行街上遍布着餐馆、咖啡屋、书店、画廊、杂货铺、面包烘焙店、室内设计与首饰设计店。

能在游客不多的时候在 Clerkenwell 漫游上大半天，是件相当惬意的事情。仔细品味下当年拉牛运猪的小路上，似是有点儿血腥，但一转念，也会寻到布满小街的美食美饮的新鲜味道。

本书下面介绍的两家咖啡馆，Nude Espresso, Look Mum No Hands！就在以上介绍的这个大区。大家在漫步于东伦敦感受几百年变迁的同时，也坐下来品尝一下咖啡吧！

[1]成立于 1999 年，曾经的 fabric 主打 Bass Music，如果你想在伦敦听到纯正的 Dubstep，那么 fabric 必然是首选之地。它几乎代表了十余年来 Dubstep 在英国的发展动向，但又没有向主动 Brostep 低头。现在的 fabric 主打 Techno/Tech House/House，画风大相径庭。

永远坚守本质的咖啡商

Nude Espresso

地址：25 Hanbury Street, London, E1 6QR

最近地铁站：Aldgate East / Liverpool Street

网站：https://www.nudeespresso.com/

营业时间：周一至周五：8:30am—5pm; 周六、周日：10am—5pm

电话：+44 7712 899 334

文字：茉莉 / 图片：店铺官方提供

Nude Espresso 位于东伦敦的 Hanbury Street 上，和大名鼎鼎的“砖巷”（Brick Lane）垂直相交。这一区从 17 世纪开始是难民聚集的地带，然而，永远具有兼容性、反抗性、创造性的伦敦人在一次又一次的“士绅化”(Gentrification) 进程中[1]，也将“砖巷”改造成了充满活力和艺术气息的地带。一年一度的伦敦咖啡节就是在“砖巷”上的 The Old Truman Brewery 进行的。

这个不止一次被评为“最佳独立咖啡馆”的 Nude Expresso，总共才 40 平方米，朴素的装饰，唯有那台鲜红色的 La Marzocco 咖啡机比较抢眼。这些都没有关系，对咖啡品质较真的人是不会计较外表的。正像 Nude 的联合创始人 Richard Reed 所说：“我们选择 Nude（裸）这个名字，就是想去掉一些非本质的东西，回归根本，明白我们的宗旨是为顾客提供最高品质的咖啡。”

转了一个弯，Nude 的“工厂”就在“砖巷”上的 91 号，不要因为面前的停车场而担心是走错了，那浓浓的咖啡豆的香味马上就让你确认了方向。

在这里，我见到了 Nude 两位创始人，Richard 和 Gerard。他们都来自新西兰的威灵顿，是发小。对于 Richard 来说，咖啡一直是他生活中的一部分。在新西兰，人们对咖啡是非常崇敬的，咖啡师的薪水也比较高，所以咖啡的质量也自然很高。还是学生时，Richard 就在咖啡馆打工。1996 年他第一次来到伦敦时，就爱上了这个城市。10 年后，他决定来伦敦定居，开一家咖啡馆。

---

[1] “士绅化”(Gentrification) 进程在上一篇文章中已经详细介绍。

创始人 Gerard（左），Richard（右）

他们没有急于开店，而是用了近一年的时间在伦敦“闲逛”，感受伦敦的咖啡气氛和不同地区的文化氛围，最后在 2008 年决定在砖巷附近开店。不到两年的时间，Nude Espresso 就被评为伦敦最佳独立咖啡馆，之后就一路开挂，几乎每年都是排行榜上的前几名。问 Richard 秘诀在何处，他不假思索地说：“勤奋努力，保证质量。”在他看来，保证质量就必须全程监控，从采购咖啡豆，到烘焙咖啡豆，到制作咖啡，全部在自家的店铺中进行，就是“前店后厂”。忙的时候他和店员一起从早晨六点忙到次日凌晨两点，一天只睡四个小时。他笑言：“我的成功秘诀不是什么秘诀，是大家都知道的！”

如今，Nude 已经和非洲、南美洲及南亚的 12 家咖啡种植场直接合作，两位创始人亲自去过全部的咖啡农场，在不同的季节选择不同的产地，并和其他咖啡师一起研究怎样混合会产生最佳的口味，呈现给伦敦挑剔的客人。令人钦佩的是，两位创始人坚持支付咖啡农场主合理的价格（fair trade），从不会以量压价，确保链条上的每个环节都赢得合理的利润。而 Nude 的业务范围也早就扩展为“零售兼批发”，伦敦很多的咖啡馆都用 Nude 的咖啡豆。

咖啡师 Sam 展示拉花技艺

Gerard 说，正好今天他们在为批发客户举办品尝会，过去看看吧！

隔壁“车间”内的70升容量的大型烘焙机正在工作，整个空间暖融融、香喷喷的。这个品尝会说是给客户提供的，其实所有人都可以来。在这里，不仅可以品尝Nude新进的咖啡豆，还可以听专业咖啡师的讲解，都是免费的。对于他们，商业利润不是不追求，但和志同道合的朋友分享好的咖啡，才是最重要的。当然，你也可以去上专业的培训课，价格非常公道。在网站预约，或者联系Wyatt：+44 7712 899334。

Gerard还骄傲地提到，自2014年开始的烘焙车间，就使用的是最环保的烘焙机器Loring Smart Roast，来自美国加州，可以比普通的烘焙机降低80%的能源。不得不佩服Nude创始人的社会责任心。

创始人Gerard在环保烘焙机前

在 Nude Espresso 与西班牙咖啡大师赛冠军 Jordi 讨论专业问题

1.Espresso（意式机煮咖啡）和 filter coffee（手冲咖啡）的区别？

Espresso 机器会在研磨好的咖啡粉上施加 9bar 或者 125psi 的压力，压力会使咖啡油乳化，这一乳化的过程产出液体咖啡。同时，所施加的压力会浓缩咖啡内含有的各种口味，比如酸性，水果味和坚果味，使之更丰润饱满。酸性是好的品质，它让咖啡更有活力，但要控制好，过酸过涩，就不是好咖啡了。

Filter coffee 不对咖啡粉施加压力，而是一个较慢的浸泡过程。它的口感清淡些，你会感觉到它的“高音段”的花香和橙香，甚至有茶香呢。

2. 烘焙咖啡豆的温度和时间？

烘焙用来制作 Espresso 的咖啡，要 16 个小时，烘焙炉的温度始于 160°C，慢慢下降到 100°C（因为加入的咖啡豆是室温，远低于咖啡炉里的温度，要有一个中和的过程）。然后从第四个小时开始温度慢慢上升，最高控制在 180°C—190°C。

烘焙用来制作 filter coffee，只要花 10 个小时，烘焙炉的温度始于 120°C，也是在起初温度下降到 100°C，然后回升，最高温度控制在 180°C。

3.Single Espresso 和 Double Espresso 的定义、用量?

Single Espresso 一般来说,咖啡师会用 7g—9g 研磨好的咖啡,放在滤碗,通过咖啡机萃取 25 秒,一般会产出 20ml 左右的液体咖啡。

Double Espresso,就是用 14g—18g 研磨好的咖啡,也是萃取 25 秒左右,一般会产出 40ml 的液体咖啡。

咖啡粉的重量与产出的液体咖啡容量的比例不尽相同,因咖啡豆的种类和烘焙方法而异,以上的比例是平均数。举例说来,我们的 East 混合咖啡豆,比例是 19g : 40ml,而 El Salvador Finca Malacara 咖啡豆是 18g : 55ml。

4. 那些意大利人发明的各种花样咖啡是怎样的咖啡用量及咖啡和牛奶的比例?

这些咖啡都是以 espresso（浓咖啡）为底子的，因为咖啡和奶及奶泡的比例不同，因此有不同的口感，也有了不同的名字。

最常见的是：

☆ Espresso，就是意浓咖啡，不加奶，喝的是咖啡的原味，有人加糖，有人糖也不加。这种浓咖啡是加压的水经过研磨过的咖啡粉时使之乳化，经过 25 秒的萃取而成，并没有额外加水的。如果加水，就变成了 Americano，听名字就知道是美国人的发明。

Espresso 都是盛在 50ml 的瓷杯中饮用。

☆ Caffee Latte，就是我们音译的“拿铁”，当然和“铁”是毫无关系的。意大利语是“牛奶咖啡”。它以 espresso 为底（20ml—30ml），然后在上面浇上热牛奶，是 espresso 的两倍以上，最后在热牛奶上再加一层 0.5cm 的奶泡。现在很多人不能吃乳制品，所以豆奶拿铁和燕麦拿铁应运而生，制作方法一样。

拿铁艺术，就是拉花艺术，在浇热牛奶这一过程中，运用一些手法，可以在咖啡上画出很美丽的图案。

它可以盛在玻璃杯中，也可以盛在带柄的瓷杯中，一般容量是 225ml。

拉花艺术

天马行空的各种拉花艺术

☆ Cappuccino，也是意大利语，原意是“僧人袍子上的帽子”，比较形象。我们音译为“卡布奇诺”。和拿铁的制作方法非常像，只是热牛奶相对少些，上面的奶泡更厚些，在 1cm 以上。

☆ Flat White，音译为“馥芮白咖啡”，是最新的一款咖啡，于 20 世纪 80 年代源于澳大利亚和新西兰。它和 Cappuccino 很相似，但奶泡薄很多，和杯子齐平，不像 Cappuccino 的奶泡鼓起，像“僧帽”。它以 20ml—30ml 的 espresso 为底，然后咖啡师将热牛奶浇入，使得浓咖啡和热牛奶均匀地混合，只在咖啡最上层留一层白。而拿铁则是将牛奶浇在浓咖啡之上，盛在玻璃杯中时可以清晰地看到分层，热牛奶的用量也更多些。Flat White 严格地说应该盛在 150ml—180ml 的陶瓷杯中饮用。

其他的花样就不逐一介绍了，因为都是以 espresso 做底，牛奶比例稍有不同而已。一些咖啡馆在咖啡中放很多不同口味的糖浆，比如焦糖味的，抹茶味的，榛子味的，或者厚厚的一层奶油，我本人不主张，因为这些添加物覆盖了咖啡本身的味道，使这杯“饮料”变成一杯“有些咖啡味的甜品”，要么掩盖了咖啡的质量不够高，要么淹没了高质咖啡本身就有的浓郁、复杂和自然的果香、甜味，好像红酒配了可乐，啼笑皆非。一杯上好的咖啡是不用这些“附加物”来陪衬的，正如 Nude Espresso 所倡导的：回归本质，去掉非本质的附加。

拉花艺术

自行车修配与咖啡的完美混搭

look mum no hands!

地址：49 Old Street，London, EC1V 9HX

最近地铁站：Barbican 或者 Old Street

网站：https//www.lookmumnohands.com

营业时间：周一至周五：8am—4pm； 周六：9am—4pm；周日：10am—4pm

文字：茉莉 / 图片：店铺官方提供

look mum no hands!，既是一家自行车修配店铺，又是咖啡馆。这两个似乎毫不相干的东西怎么能混搭在一起？当你走进去时，又会觉得，“Why not?!”

look mum no hands! 于 2010 年 4 月开业，主人是 Matt 和 Levin。他们来自伦敦之北的 Hertfordshire 郡，是发小。两个人同年来到伦敦，Matt 在某银行的合规部工作，Levin 在某餐饮公司工作。后来，他们又认识了修车师兼骑手 Sam。他们都是自行车爱好者，后来他们说，不如把工作辞掉，开一家自行车修理和配件店吧！

主理人 Matt, Levin, Sam

橱窗上时常贴出在此举办的小型艺术活动的信息

经过了漫长的搜索店址的过程，于 2010 年，他们终于找到了现在这个地点——曾经是邮局（被数据化时代逐渐替代的另一个典例）。他们想，有了这样一个空间，大家可以互相取经，还可以一起看自行车赛事。于是空间的一面墙挂起了大屏幕；还有，大家来了，不能干聊，得喝点东西呀！于是就自然而然地延伸到咖啡和小食。Matt 强调：“我们还卖啤酒的！”当然，英国人在看赛事时，啤酒是少不了的。

有自行车赛事时的热闹场面

观看赛事是老少皆宜的乐事

但在大多数的时候，这里是安静的，明亮而温暖，充满了自习的学生，还有附近创意产业的员工来这里找找灵感，和同事来个“头脑风暴”。而站在窗台上的自行车修理工完全不会打扰你。这里的店员都是有“双重身份”的：或者是艺术系学生，或者是话剧演员，或者是设计师。他们共同的爱好就是骑车和咖啡。店里还拿出一个角落，定期布展东伦敦年轻艺术家的作品。

客人们丝毫不会被自行车修理工人打扰

look mum no hands! 用的是荷兰品牌的咖啡机和伦敦本土的Square Mile 咖啡豆。Matt 和 Levin 亲自选的，觉得这个品牌的咖啡豆最可口。Matt 和 Levin 喜欢的咖啡，不加糖，不加奶，纯粹的 espresso。我逗他们："咖啡能让你骑车骑得更快吗？"他们两个异口同声地说："Definitely! 当然！而且在长距离赛事中，中间停下来喝杯咖啡聊聊天，也是'自行车文化'的一部分呢！"

Matt 和 Levin 是朋友，也是竞争对手，在自行车赛事中毫不相让。有一年他们去意大利参加比赛，途中 Levin 说他要去方便，等他一下。Matt 没理这茬儿，一溜烟骑车走了。但在接近终点时，还是被 Levin 赶上了，Matt 不服气地说："总的来说，我还是更好的骑手！"

越来越多的人开始放弃开车，改骑自行车。其中的优点太多了：环保、健身、省钱，还避免交通堵塞。伦敦新鲜的空气，也是伦敦人的环保意识换来的。原来的伦敦市长，后来的英国前首相 Boris Johnson 就是身体力行的自行车代步倡导者。

店里的桌椅板凳都是不配套的，旧旧的，让人觉得放松、舒服。主人说，开业之初，没有多少资本，就只能东拼西凑地搞来这些旧桌椅：学校用过不要的，朋友家换家具淘汰的，都来到了这里，但客人们不仅不嫌弃，还说舒服，所以也就一直没换。

这里的食品由住在附近的 Mike 大叔每天烹饪，亲自送来；甜点相当诱人，出自 Matt 和 Levin 的另一个发小的妈妈 Liz 之手；鲜花也来自邻居——街角那家叫 McQueen 的花店！ Matt 得意地说："免费的！我们用咖啡换她们的鲜花！"这买卖划得来！还有，Matt 的老爸亲自打理财务，店铺的 logo 也是朋友免费给设计的……哈哈，是整个亲友团在运作这家有温度的店铺！

亲友团的爱心烘焙

爱咖啡，爱自行车，爱经营自己的生意，爱和志同道合的人在一起——Matt 和 Levin 很开心这些“爱”都在这间店铺里实现了！

非常平价的咖啡，却不用担心口味

写到最后，look mum no hands! 这个奇怪的名字是怎么回事？Matt 说：“不就是小孩儿刚学骑自行车，第一次脱离手把时骄傲地让妈妈看‘我可以撒把啦’！”好吧，请在网站上看 Matt 和 Levin 小时候骑自行车的老照片吧！

单车专业高阶品牌店内带的咖啡馆

Rahpa Cycle Club

地址：85 Brewer Street, London, W1F 9ZN

最近地铁站：Piccadilly Circus

营业时间：周一至周五 : 7:30am—7pm；周六 : 8am—7pm；周日 : 11am—5pm

网站：https://www.rapha.cc/

电话：+44 20 8057 4450

文字 + 图片：茉莉

位于伦敦市中心的 Rahpa Cycle Club，和 look mum no hands！一样，也是骑行与咖啡的混搭，不过更偏重前者。

来自英国的单车专业高阶品牌，为世界第一的 Team Sky 提供比赛服装，Tour de France 环法单车赛冠军 Chris Froome 穿的战衣也是 Rapha。Rapha 致力将单车运动带到更多不同的范畴。2004 年首次推出自家设计经典系列单车服装，随后的 11 年，Rapha 将品牌推广到美国、澳大利亚、日本和中国台湾地区，推广的不只是单车服，还有将单车运动融入品位生活的态度，在上述地方均有 Rapha Cycling Club 进驻，让车友可以聚在一起，喝咖啡、吃甜点、谈单车。

一家单车产品做得如此高端的店铺，咖啡的质量你大可放心。在 West End 看完音乐剧就来这里坐坐吧，在伦敦的最中心的地带发发呆，people watching，和骑友聊聊天，顺便也挑选一下专业的骑行产品吧！

P.S.: 喜欢骑行的朋友，可以下载这个 APP: The Rapha Cycling Club (RCC)。它将世界各地的骑行爱好者聚集在一起，并定期发布骑行活动或赛事的信息。

很“技术男”的店中店咖啡角

各种专业的单车装备

来自美国车友的明信片

位于伦敦的“心脏”古典建筑中的 Rapha

到处都是宝藏的迷你咖啡馆

VERDE

地址：40 Brushfield Street, London, E1 6AG

最近地铁站：Liverpool Street

营业时间：周一至周四：8am—9pm；周五：9am—6pm; 周六、周日 10am—6pm

电话：+44 20 7247 1924

咖啡豆： McValley

文字 + 图片：茉莉

曾经多少次穿过 Brushfield Street，去伦敦东边的 Spitalfields Market, 或者是 Brick Lane，都会路过一家挂满了竹编的篮子的杂货店，招牌老得像存在了几个世纪。

一个春日的周末，从 Brick Lane 参加完伦敦咖啡节[①]，在回家的路上，突然天降大雨，恰好走到了这家杂货店前，就坐在他们门外的椅子上躲雨。望向屋内，一片橙色的灯光，在这个大雨天显得格外温暖，于是第一次走进 Verde&Co.。

原来，这是一个可以坐下来静静地喝一杯咖啡的地方。各种不同的物品散放在这个只有 20 多平方米的小空间，而不是整齐地排列在货架上，好像谁家的厨房或者客厅，没有刻意地叫卖，也分不清什么是店内的装饰，什么是待卖的货品。就说那片橙色的灯光吧，其实是灯光通过一瓶瓶的橙子果酱温柔地照射出来。还有房梁上悬挂的老秤，墙角的落地挂钟，咖啡机旁边的油画，桌上堆着的陶器、银器、巧克力、橄榄油、鱼子酱、沙丁鱼，等等，一时间我像一个冲进了糖果店的孩子，不知道该把眼睛放在哪里。

[①]伦敦一年一度的咖啡节，详情请浏览网站 http://www.londoncoffeefestival.com/。

琳琅满目的货架

开张前的静谧

那个忙前忙后的瘦高男人就是店主 Harvey，我问他可以约个时间聊聊天吗？他说：“那你挑个早晨，7 点多钟来吧！”我说：“有名片吗？”他麻利地取出一个大印戳，在装水果的纸袋上用力压了一下，一张印有 Verde&Co. 的 logo、地址和电话的“名片”就印好了，还真是环保。

一周后，我就起了一个大早来看 Harvey。金融城内还静悄悄的，平时这个时候我还没起床呢！Harvey 已经忙活半天了，而且我注意到，他的员工都还没来呢。他看到我，热情地打招呼，马上把咖啡机打开，一边给我做咖啡，一边说：“欢迎你！今天的第一个客人！”我问他什么时候最忙，他说：“10：30 到 11 点，是银行的交易员来买午餐，因为他们 7 点就开始工作了；然后 12 点，是银行家；1 点是律师；到了 2 点，来的都是搞艺术的或创意产业的。”他的这段话，倒是形象地描绘出伦敦金融城内的生活气象。“还有呀，Edith Randall 夫人每个周五的早晨 10 点来店里买东西，风雨无阻，从我们开店到现在，从未改变过。”

Harvey 将椅子从桌子上搬下来，擦桌子，擦椅子，擦地板，然后把那些标志性的竹篮子一个个挂到窗外，把今天的新鲜水果一个个放在门口的货箱里，然后拿起一把大扫帚，把门前也打扫得干干净净。

大清早，Harvey 准备开张

这杯浓郁的意大利咖啡将我的倦意一扫而光，在 Harvey 忙前忙后的时候，我就捧着咖啡，在店里仔细打量，享受这难得的“包场”时分，要知道平时的 Verde&Co. 总是满满的，一共才能坐下五六个人，我都未能好好看看这些宝贝。

我最喜欢的是那一排排的果酱瓶子和透过瓶子射出的温暖灯光，是我对 Verde&Co. 的最初印象，也是一想到 Verde&Co. 就会联想到的画面。仔细看看，是 Mary Wilkinson 做的，Harvey 说这位老奶奶做的果酱非常好吃，都是她亲自做的，一个月才能做 200 瓶，Fortnum Manson[①]都向她订货。

很有氛围灯效果的手工果酱

[①]伦敦的老牌高档百货商店。

Harvey 又递过来一块银色纸包装的巧克力，冲着我说："尝尝 Pierre Marcolini 的巧克力吧！来自比利时手工制作的巧克力，产量非常小。Pierre Marcolini 希望他的巧克力成为你的梦想，让你在品尝第一口时就会惊呼：'这只能是 Pierre Marcolini 的巧克力！'我很喜欢这种正方形的设计，里面分成九个小正方形格子，Pierre 说幸好他的姓氏是 9 个字母！"

我又问："这些漂亮的像香瓜一样的瓷器是谁做的？"Harvey 笑道："这些瓶瓶罐罐盘盘碗碗的我也很喜欢，是来自葡萄牙的 Bordallo Pinheiro 家族的作品。存在了一个多世纪了，灵感源于自然，还运用了传统的烧陶工艺呢！"去过葡萄牙多次的我，完全钦佩这个曾经的海上霸主帝国在陶瓷方面的精湛技艺，多少次伫立在包裹在精美瓷砖后面的老建筑前，遥想着它曾经的辉煌。

这个小小的空间，一不小心就碰到一个有故事的宝藏。Harvey 很开心，却忙提醒我说："没有我们的房东太太，就没有 Verde&Co.!"

开张后的“人满为患”才是 Verde 的真实面目

时光似乎在这里走得慢些

各种老物件颇有“回到外婆家”的感觉

说起 Verde&Co. 的房东太太，其实是英国非常有名的女作家 Jeanette Winterson，不提提她的故事是“罪过”！

Jeanette Winterson 生在英格兰北部的曼彻斯特，从小被一对夫妇领养，关于她的亲生父母是谁，无从考证。养父是工厂工人，养母是家庭妇女。在她的记忆中，家里包括《圣经》在内，只有 6 本书。家里的经济条件是很寒酸的，甚至厕所都是在室外。但对于年少的 Jeanette 来说，这不是问题，倒是庆幸在上厕所的时候也有自然光看书，丝毫没有阻碍她的求知欲望。16 岁时发现自己“离经叛道”地爱上一个女生而离家出走，之后靠打零工养活自己，竟然考上了牛津大学的英国文学专业。

1985 年，23 岁的 Jeanette 出版了她的第一本小说“Oranges are not the only fruit”（《橙子不是唯一的水果》），随后，她继续出版了多部小说、剧本，并为英国权威报纸 The Guardian（《卫报》）、The Times （《时报》）做专栏记者，在 2006 年获得由查尔斯王子亲自颁发的 OBE 勋章，以奖励她在文学领域的贡献。

房东太太 Jeanette Winterson

房东太太的小说《橙子不是唯一的水果》，豆瓣评分 8.3

《橙子不是唯一的水果》摘录：*"我渴望有人暴烈地爱我至死不渝，明白爱和死一样强大，并永远站在我身边。我渴望有人毁灭我并被我毁灭。世间的情爱何其多，有人可以虚掷一生共同生活却不知道彼此的姓名。命名是艰难而耗时的大事；要一语中的，并寓意力量。否则，在狂野的夜晚，谁能把你唤回家？只有知道你名字的人才能。"*

1995 年，还十分拮据的 Jeanette 向朋友借款买下了这栋位于 40 Brushfield Street 的小楼。这栋建于 18 世纪末乔治亚时期的老楼，完全可以用“危房”来形容，闲置了 15 年后才碰到 Jeanette 这个买主。她说她喜欢这种破败的美。在随后的几年内，她的收入不是入了她的口袋，就是入了那三个爱尔兰装修工人的口袋。“我主张疯狂地去爱你爱做的事情，然后由命运决定其他的一切。”说来也巧，这栋房子以前是家蔬果铺子，名字就是 JW Fruits（JW 恰好是她的名字的缩写），而店里只卖橙子，似乎又反面呼应了 Jeanette 的第一本小说：《橙子不是唯一的水果》。总之，冥冥之中似乎注定了这栋楼是属于她的。

Jeanette 说她很怀念老伦敦，“你去 Covent Garden 买鲜花，去 Smithfield Market 买肉，去 Bringtion 买海鲜，去 Spitalfields Market 买蔬果。可惜现在都变了，都被大超市垄断了。但我希望我的店铺可以继续为客人提供美食，尤其是小产量的手工制作的有机食品”。

她亲自雇用了 Harvey。Harvey 于 9 年前从美国来到伦敦，在 Fergus Henderson[①]的餐馆里刷盘子，之后好学的他成为厨师。6 年后，他被 Caprice Group[②]所属的 Urban Caprice 雇用为首席厨师。所以，他精通美食，知道美食的精髓和价值（而不是“价格”），熟悉小产量高品质食品的供货商；而因为他的移民出身，他很能吃苦，哪怕现在有了自己的店铺，仍然是身先士卒，每天来得最早，脏活累活都是自己做。

---

①英国名厨，他的餐馆 St. John 拥有米其林一颗星。

②伦敦的高端餐饮集团，旗下拥有贵族、明星、商业巨头经常光顾的 The Ivy, Scott's, Le Caprice，等等。

Harvey 说他的祖上是胡格诺教徒，在 1695 年曾经从法国逃到伦敦，在 Spitalfield Market（也就是 Verde&Co. 的附近）短暂地居住过，然后举家从这里去往美国。想不到 300 多年后，Harvey 回到这里安居下来，这一定是命运的安排了！

一杯咖啡已尽，又买了些巧克力和果酱，才告别了 Harvey。出了门口忽然想起还没有问他那些悬挂在店门口的篮子呢。Harvey 说："它们都是来自孟加拉巧妇之手，并通过公平交易 (Fair Trade) 出口到英国的，全部是天然材料，纯手工制作，公道的价格，这些孟加拉妇女有很不错的设计品位呢！"

这个弹丸之地，到底还有多少秘密，多少宝藏，多少故事呢？

有家庭烹饪有机食物并且也爱猫的夫妻店

GINGER & WHITE

地址：4a–5a Perrins Court, Hampstead, London, NW3 1QS

最近地铁站：Hampstead

营业时间：周一至周五：7：30am—5：30pm；周六、周日：8am—6pm

电话：+44 207 431 9098

网站：http://gingerandwhite.com

文字：茉莉 / 图片：店铺官方提供

在欧洲生活久了，我学会了避开主干道，到小路上随便逛一逛，瞧一瞧，经常会有意想不到的收获，英文里叫“hidden gems”，就是“隐藏着的宝石”，这不，这个叫 Ginger&White 的咖啡店就是我无意中发现的“宝石”（Hidden Gems）。它的位置其实离 Hampstead 高街仅几步之遥，拐一个小弯就是了。这条叫 Perrins Court 的小路，和我们老北京的“胡同”是一个样：窄小的石头路，只能容纳行人，车辆是无法通行的，安静且安全。天气好的时候，大家就坐在外面，小孩和小狗到处跑也不怕。咖啡屋的外面摆了四张桌子，夏天的时候大家都抢户外的位置，享受一下阳光。就是入秋之后，只要天气晴朗，大家也勇敢地坐在外面，因为英国是个缺少阳光的北欧国家，老板娘体贴地把户外暖气打开，给每人发一条毛毯盖在腿上，倒也是其乐融融。

第一次来 Ginger&White 是一个下着雨的周四中午，这里挤满了人，有戏剧学生在探讨新剧的剧情，有建筑师在思索目前项目的构图，有中年作家在创作新书主人公的对白，还有一位围着鲜红围巾的婆婆。轻柔的爵士乐，仔细听能听到，和朋友聊天又不觉得吵，音量刚刚好，陪着这淅淅沥沥的伦敦小雨，很有些蓝调的诗意。

看过菜单，我点了一杯咖啡和一个三明治，这可不是普通的三明治，而是来自“Wicks Manor 农庄的 熏火腿，加 Quickes 奶牛场的 cheddar 奶酪片，加啤酒味的芥末酱，加有机美奶滋，夹在土豆和迷迭香味道的面包片内”[1]，哇！好长的名字，好多的配方！可是这些味道加在一起是那么美味！这种味道是和超市里买到的大批量生产的三明治是不同的，因为选料的精良和制作者的爱心加在一起，一个三明治，配料来自四个地区，都是小批量生产的有机原料，主人就是想把英国最好的东西打包在一起奉献给食客。这三明治入口外酥里软；面包里加了土豆，所以更松软香甜；融化的奶酪增加了另一层黏稠的口感；熏火腿的味道恰到好处地融合着迷迭香的味道，而那一丢丢芥末显得有些“倔强”……

Ginger&White 是个夫妻店：Emma 和 Nicholas Scott。夫妻两人在店里忙来忙去，老公做咖啡，老婆端到桌上；老公把空盘子撤下，老婆收钱……非常默契。虽然他们也有员工帮忙，但两个人经营这家咖啡店的心思不亚于照顾自己的女儿亲力亲为，小到花生酱，大到烤肉；蛋糕点心则是他们的朋友烘焙的。女儿出生在千禧年前，和这家店同龄。一边照顾女儿，一边打理店铺，其间的辛苦可想而知。Emma 是土生土长的英国人，瘦瘦高高的，金发，说话语速很快，充满了热情和能量。在澳大利亚旅行时遇到老公 Nicholas，他来自新西兰的惠灵顿（Wellington）。两个人都是美食家，从事餐饮业顾问，也就是帮助餐馆设计店面、灯光、家具和配件，等等，让餐馆看起来更吸引人。两个人在 2008 年被邀请去北京做这方面的顾问。他们住在热闹的三里屯一带，还

---

[1]非常长的三明治名字：Wicks Manor smoke ham & Quickes cheddar with beer mustard & organic mayo on potato & rosemary bloomer。

请了中文老师，对中国的一切充满了好奇，觉得那里的食物特别好吃，人特别友好。但 6 个月后 Emma 怀孕了，母亲又生病，两个人只经历了 6 个月北京的严寒，在刚刚立春时便离开了北京。他们现在还对北京的饺子念念不忘，当我把伦敦的“小笼皇”饺子店推荐给他们时，他们已经急不可耐了！ Emma 从她超大的手袋里掏出记事本，马上记录下地址和电话。

老板娘 Emma 在做咖啡

在澳大利亚时，Emma 就觉得那里的咖啡味道远远好过伦敦的奶味过重的咖啡，2009 年返回伦敦，一年之后就开了这家咖啡店。问到名字的来源，Emma 说：“是我的两只猫的名字！一个是 Ginger 一个是 White!”[①]（我这个猫奴一下子就被融化了。如果有一天我开一家咖啡馆，那一定会用我的猫咪“阿布”命名。）Ginger & White 的咖啡是远近闻名的。他们的咖啡豆由伦敦的“咖啡专家”Square Mile[②]提供，他们根据四季的变化而选择不同的咖啡豆，以给你应季的口感，可见用心良苦。咖啡里加点坚果味、辣椒味（是呀，意想不到的好味呢！）、焦糖、巧克力，等等。不得不说，这里的热巧克力也是招牌之一。

这一桌人可能来自五种行业，聚集在 Union Jack（英国国旗）下

[①]英文中 ginger 不只有“姜”的意思，还指赤黄色，这里就是“橘猫”的意思；white，就是白色。

[②]伦敦高端咖啡供应商，在 Kaffeine 一文中介绍过。

在挑剔的 Hampstead 持续经营了这么多年，坚持提供原汁原味的英国传统食谱，提供让人放松的如家一般的环境。很多老客人把这里当成自己的“第二个客厅”，就是对他们最大的肯定。

Emma 对初来伦敦的人的建议就是“慢慢来”，给自己多几天的时间，坐公共汽车看看这个城市，坐地铁可就错过了太多；买本 Time Out，这本杂志会告诉你很多好吃的地方、好玩的地方；另外，伦敦人其实没有传说中的那么冷漠，你要勇敢地和伦敦人聊天，要了解一座城市，就要和本地人聊天。

当然，还要来 Ginger&White 喝杯咖啡！

手工制作的酸奶和燕麦片

地道的英伦食材

社区枢纽的有爱空间

THE FIELDS BENEATH

地址：52a Prince of Wales Road, London, NW5 3NL

最近地铁站：Kentish Town

网站：https//www.thefieldsbeneath.com

营业时间：周一至周五：8am—4pm；周六：8am—6pm；周日：9am—6pm

电话：+44 20 7424 8838

咖啡豆：Square Mile

咖啡机：La Marzocco Linea

研磨机：Anfim

文字＋图片：茉莉

遇见 The Fields Beneath 是偶然的。一个周末，我来到北伦敦的 Kentish Town 挑选地板，回家的路上看到这家咖啡屋，远远地隔着车窗，被它吧台上的摩洛哥风格的瓷砖所吸引，就决定停下来喝杯咖啡。

这家仅有 25 平方米的咖啡屋，最适合用英文 cosy 一词来形容，小却舒适、惬意、温暖。一整面的裸砖墙，磨得旧旧的地板，和吧台上的摩洛哥瓷砖协调地搭配着。左侧的一面墙完全是玻璃，把伦敦不多的阳光尽量地吸引进来。主人调皮地在足有 4 米高的房顶上挂了一盏反光球，阳光经它的反射，将一小片一小片的光点投在砖墙上，咖啡机上，客人的衣服上，屋子里一下子明媚很多。

要了一杯咖啡，在唯一的一张大桌旁坐下，和其他两对客人“拼桌”。Kentish Town 是个很波西米亚，具有艺术范儿的地方，坐在我们旁边的这一对就是这样。咖啡馆的小缩短了人与人之间的距离，和他们自然而然地攀谈起来，果然，女士是室内设计师，男士是摄影师。我们不约而同地要了月桂卷和拿铁咖啡，对咖啡的味道赞不绝口。在他们的介绍下，我得知了这家咖啡店的后身是家赫赫有名的啤酒厂 Camden Town Brewery，步行 5 分钟就可以看到伦敦最有名的酒吧之一 George IV，不远处有家存在了近一个世纪的咖啡豆老店，看来我们有足够的理由再来 Kentish Town[①]。

在咖啡机后面忙碌着的就是创始人 Gavin。他穿着鲜红色的 T 恤，上面印着白色的字 Innocent，也就是“纯真”的意思，开始以为他故意“卖萌”，认识了之后才知道，原来他曾经为这家叫 Innocent 的果汁公司[②]工作过。

伦敦最有名的酒吧之一 George IV，76 Willes Road, London, NW5 3DL

[①]后来发现了 Kentish Town 本地人自创的社区博客 http://www.kentishtowner.co.uk，发布关于餐饮、文化、购物等方面的采访，并就大家关心的议题进行讨论。

[②]此品牌已入驻中国市场。

存在了 100 多年的咖啡豆老店

Camden Coffee Shop:

11 Delancey Street, London, NW1

很快，我就成为 The Fields Beneath 的粉丝之一。在这个清冷的初春的周六，和 Gavin 约好在打烊后聊聊天，却不见人。10 分钟后，见 Gavin 骑着自行车从外面赶回来，原来去了银行。大冷的天儿，我穿着大衣系着围巾，Gavin 却穿着短袖 T 恤，完全是夏天的打扮，每天 6 点就起床工作的他却看不出倦容。

2006 年大学毕业后，Gavin 在多家食品公司打工，比如那家 Innocent 果汁公司，还有叫 Bear 的糖果店。2008 年 3 月他辞掉工作，开始为期10个月的旅行，去了南美洲和新西兰。旅行归来后，他在伦敦的中产区 Primrose Hill 开了一家叫 Sandwich & Spoon[①] 的咖啡推车铺子。他喜欢美食，喜欢与不同的人聊天，这一行真是适合他。Gavin 先后在几位咖啡大师那里学艺，他最欣赏的就是 James Hoffmann[②]，是这一行的翘楚。

一直到 2012 年的 11 月，Gavin 才和合伙人 Sybille 顶下这家店铺。“伦敦优秀的咖啡都集中在东边，北边很少，而我本来就是北伦敦人。当我看到火车站旁边的这家空着的铺位，就决定把店开在这里。”

Gavin 是个随性的人，认识Sybille 不过一年，就决定一起开店，因为谈得来，就这么简单。Sybille 原本在金融机构工作，也是个随性的人，产假后决定不回那里工作了。在 9 个月的筹划后，店铺开张了。两个人是很好的搭档，Gavin 在“前台”，负责做咖啡，管理员工；Sybille 在“后台”，负责财务和采购。

[①]直译就是“三明治与勺子”。

[②]2007 年世界咖啡大师赛冠军。在 Kaffeine 一文中提及过。

COFFEE etc
espresso 2^{00}
black/white 2^{00}
latte, etc 2^{30}
hot milk 1^{00}
hot chocolate 2^{40}
ANFIM
SHARP
SQUIDGY APPLE THING 2^{00}
CARROT CAKE MUFFIN 2^{00}
CRÊME BRÛLÉE

创始人 Gavin 和 Sybille

在设计店铺的时候，Gavin 全部亲力亲为，跑到 Geffrye Museum 博物馆[①]找灵感。这里荟萃了英国一个世纪以来不同的装饰风格。他自己挑选的地板，这种看起来磨得旧旧的地板，其实是新的，他从位于伦敦西南的一家店里找到的；吧台上的摩洛哥瓷砖，是朋友推荐的，他在十几种不同的瓷砖中举棋不定，后来就通过 Photoshop 软件，把这些瓷砖都“贴到”吧台上，在电脑上看整体的效果，最后选择了这种比较低调的。装好后的第二天，他紧张地问客人：“你觉得怎样？”客人不知所云，原来因为瓷砖和店铺的其他装饰配合得太完美，客人都没有觉察到这一变化。至于那面时下很流行的裸砖墙，Gavin 说他本来不想从众的，但店铺和旁边的火车站相连，原本就是这样的裸砖，有 100 多年的历史了，改掉很可惜。

我还注意到一对很古色古香的水龙头，以为是 Gavin 在古董店里淘来的，一问才知道，这竟然是他在二手店里淘来的，看来品位不总是跟价位成正比的。

[①]杰佛瑞博物馆在东伦敦的 Shoreditch 区，以前是一座养老院。这是英国唯一一个专门研究城市中产阶级的家具和家居的室内博物馆。永久展馆由 11 个起居室组成，里面陈列了很多家具，从 17 世纪的橡木家具到 20 世纪的家具风格。

Gavin 和他淘到的古董水龙头

两个人都坚持在条件允许的情况下，选品质最高的有机食品，并选用当地的供货人。Gavin 说，他喜欢在街上遇到给他们提供蔬菜和调味品的 Tom，亲切地打招呼，知道这些植物都出自 Tom 自家的后花园；也喜欢和给他们提供月桂卷的 Dina 聊天。Dina 住在离店铺只有 20 米远的 Grafton Road，是个全职太太，闲暇时喜欢烘焙。Gavin 就给这月桂卷起名叫 Grafton Buns；Gavin 的奶奶也热衷烘焙，Gavin 就直接了当地把奶奶烘焙的蛋糕叫 Grandma's Cakes[①]。“你看，我们就是小本生意，却跟更小本生意的人打交道！”

Dina 的肉桂卷和奶奶的蛋糕

[①]奶奶的蛋糕。

Gavin 喜欢时常换换口味，从四五家咖啡豆供应商那里买咖啡豆，都是界内的一流品牌，比如 Federation, Square Mile, Round Hill。此外，牛奶的质量对咖啡的口味也十分重要，比如最畅销的咖啡饮品“卡布奇诺”中牛奶的含量比咖啡还多呢！为了找到最好的牛奶，他甚至给 National Farmers Union[①]打电话询问，最后找到这家叫 Goodwood 的位于伦敦西南 West Sussex 的奶牛场。“客人们都喜欢这牛奶的味道，有人专门来我们这里买牛奶呢！一周内我们就会用掉 150 升的牛奶！”现在越来越多的人开始喝豆奶咖啡，所以 Gavin 又是一番辛苦，终于找到了他满意的豆奶供货商 Bonsoy。

Gavin 很开心终于找到了有机又可口的牛奶品牌 Goodwood

[①]（英国）全国农场联盟。

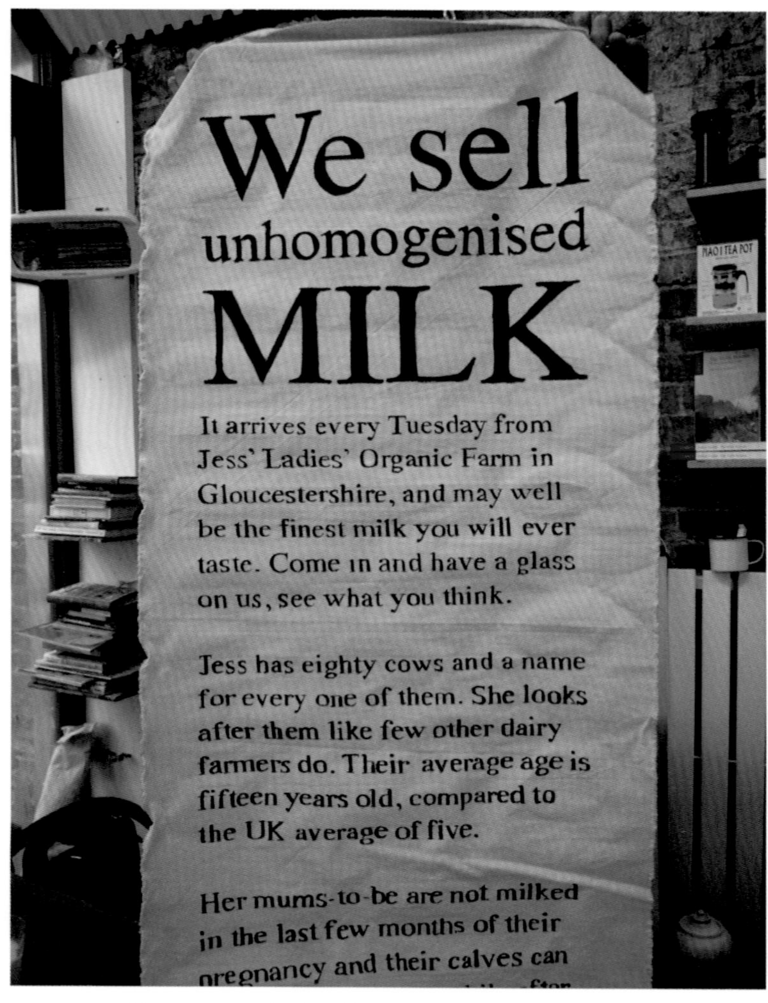

Gavin 一直保留着 Goodwood 奶牛场的宣传海报。奶牛场施行人性化管理，有 80 头奶牛，每一头都有名字，平均年龄 15 岁（而英国全国的奶牛平均年龄只有 5 岁），而且注明对待产的奶牛他们是不会挤奶的

Gavin 将自己千辛万苦发现的“秘密”毫无保留地和其他咖啡店老板分享，也从别人那里汲取一些管理店铺的经验。“我不把他们当作我的竞争者，我们是同行，是兄弟！”也正是他的这种大度、直率，Gavin 在咖啡圈里口碑极好。

谈及一家成功的咖啡店最重要的是什么，Gavin 说他不希望自己是什么所谓的“咖啡达人”（虽然他的咖啡豆，咖啡机，他本人的技术都是一流的）。在他看来，咖啡店的服务和氛围更重要。在这个不是旅游地的 Kentish Town，附近的居民是他最稳定的客人。The Fields Beneath 就在 Kentish Town West 火车站旁边，每天清早坐火车来这里上班的人①，都会在店里买一杯咖啡，然后开始一天忙碌的工作，所以早晨 9 点是最忙碌的时候。这附近最大的公司也正是市场推广公司、电视制作公司、Rapha 公司（高阶骑行用品公司。本书收录了 Rapha 旗下的咖啡店）。

Kentish Town West 火车站，左边就是 The Fields Beneath 的指示牌

---

①伦敦市中心房价很贵，所以很多人都住在伦敦周边的地方，而英国的火车系统是全世界最老的，四通八达，坐半小时、一小时火车来城里上班的人非常多。

闲聊中，我说很喜欢这附近的 warehouse converted apartment[①]，他说："你不知道，那幢楼原本是家钢琴厂，这一区以前有 12 家钢琴厂，现在却所剩无几了，真可惜，大家都在社交平台上花了太多时间，没有多少人弹钢琴了。"说着说着，他从墙上拆下菜单牌，抽出下面的背景图，说："你看，这是 Kentish Town 的旧地图，这里，这里，还有这里，以前都是钢琴厂。"看得出他对当地历史的了解和自豪。

原来菜单后面另有玄机，是 Kentish Town 的旧地图

[①]伦敦近年来很流行将废弃的厂房改装成现代化的公寓，超高房顶、落地窗、裸砖墙、无隔断的大屋，是这类公寓的共性。

曾经的钢琴厂

提到店铺的名字，有个很有趣的来由。原来 Kentish Town 有位很著名的历史学家，叫 Gillian Tindall，她写了一本关于当地近 1000 年来的历史，书名叫“The Fields Beneath”。当 Gavin 和 Sybille 为名字而烦恼时，无意中在当地居民办的报纸上看到有关这本书的文章，两个人都立刻决定用这本书的名字为咖啡店命名。在取得作者的同意后，店铺正式开张。Gillian Tindall 本人有时也来喝咖啡，Gavin 和 Sybille 也很热心地代售 Gillian 的书。

著名历史学家 Gillian Tindall 的书“The Fields Beneath”和 Kentish Town 的老照片

另外，Gavin 在每周三还为当地的学校提供午餐，他希望这家咖啡屋是把当地人融合在一起的枢纽。我希望有一天，这家叫 The Fields Beneath 的咖啡屋也可以写进当地的历史！

后记：后来和 Gavin 成为朋友，我说："我在银行工作，每天和数字打交道，以后有什么关于数字的问题就尽管问我！"过了几天，Gavin 果然发过来一个 Excel 文档，他想知道怎么算在每天的高峰期应该有几个员工当班，员工如何轮班更合理。当我看到他在文档内用的公式时，发现竟然有我没用过的！捣鼓了两个多小时才把他的问题解决，非常惭愧！原来 Gavin 除了会做咖啡，还有不错的数字能力！

新西兰美食大师和伦敦话剧演员完美碰撞出的高品质咖啡屋及正餐馆

The Providores

地址：109 Marylebone High Street, London, W1U 4RX

最近地铁站：Baker Street

营业时间：周一至周五：9am—10:30pm；周六：10am—10:30pm；周日：10am—10pm

电话：+44 20 7935 6175

文字：茉莉 / 图片：茉莉 + 店铺官方提供

咖啡馆门口悬挂的招牌

The Providores，在伦敦美食界是颇有名气的一家咖啡屋及正餐馆。它有着古典的欧洲建筑外观和现代简约的内部装潢，混搭得刚刚好。其位于 Marylebone High Street（马里波恩高街）上，是我特别喜欢的一个高街，充满了富有英伦特色的买手店和餐饮场所，我常常会和女友逛完街，来到这里喝个咖啡，点几样精制的小餐盘。

再次来到 Providores，是个难得温暖的初秋，即便是在一个单调的星期二下午，这里的上座率也很高。（关于“单调的星期二”一说，除了和它是个工作日有关，大概也源于一个和各位国内读者共有的“童年阴影”——在我小时候，每个星期二的下午，电视屏幕上都是寂静无声的彩色条纹，由此，星期二在我的记忆里也就有了这“单调”的底色。）

有些人坐在户外的木椅上，喝着咖啡看熙来攘往的行人；有些人坐在窗前的长条凳上，翻看报纸杂志，沉浸在自己的思绪中。我喜欢坐在中间的共享大桌旁的高脚凳上，对面就是一个 5 米高的超大酒柜，摆满了主人精挑细选的上好葡萄酒，旁边是一座古老的大钟，时间在这里似乎放慢了脚步；背后的墙上挂的是壁毯，有 30 平方米，印花很有异域风情。关于这块壁毯，可是有讲究的，先卖个关子，文末揭晓。

一楼的咖啡馆

我在这里遇到创始人之一的 Michael

Providores 店里所供咖啡都是由上乘的 Monmouth[①]咖啡豆研磨烘焙而制。Monmouth 咖啡豆来自拉美的巴西、危地马拉和哥伦比亚的咖啡种植园，并按照 Providores 的要求混合不同的咖啡豆以及特定的烘焙程度，所以，同样都是用 Monmouth 咖啡豆的咖啡店，Providores 的口味就与众不同。另外，Providores 的咖啡里加的牛奶是不添加任何防腐剂的有机牛奶，因此使咖啡的口味更加柔和、香醇并带有自然的甜味儿。喜欢咖啡的读者一定知道，对于咖啡的味道，研磨程度和萃取火候也是很重要的方面，因此咖啡机的选择对于一杯咖啡的品级来说是最基本的条件之一。Providore选用的咖啡机就是鼎鼎大名的，可以说是咖啡机里的劳斯莱斯的 La Marzocco，来自意大利佛罗伦萨，有近百年的历史了[②]。这些“家伙事儿”都具备了，再配上专业咖啡师的技能，一杯上好的咖啡就呈现在你面前了。

跑题一会儿，这里的鲜榨果汁也非常棒。因为主人旅行的经历吧，他会调配出几款非常有东方特色的鸡尾果汁，比如我最喜欢的这款茉莉 + 抹茶 + 百香果，那淡雅清凉的香气一下子就会把我带回到巴厘岛的丛林中。饮品还会随季节变化，给你新鲜的体验。

打算悠闲度过这个单调下午的我，点了一杯 Flat White 慢慢享用。过了一会儿，一位灰白的头发，身形偏瘦，看起来很精干的先生也选择了这张共享大桌，在我身边坐了下来。他打开笔记本电脑，一边处理公事一边喝着咖啡。无意中我们四目相对，想着“共享大桌”本来就是要拉近人与人之间的距离，促进交流的

[①]本书有单独介绍 Monmouth Café 的文章。

[②]确切地说 La Marzocco 创建于 1927 年。

的嘛，所以我就很自然地和这位先生攀谈起来："您好！我很喜欢这里的咖啡，还有这里的环境。您也是这里的常客吗？"这位先生先是笑笑，咽下口中的咖啡，慢条斯理地说："嗯，这是我的店铺，我想我是常客吧？"原来他就是 Providores 的两位合伙人之一：Michael McGrath！他略显幽默的回答，消除了在我知道他主人身份时的些许尴尬，同时他也放下了手里的工作，和我攀谈起来。

早就知道 Providores 是由两位先生合伙经营的，一位是今日得见庐山真面的坐在我身边的 Michael McGrath 先生，另一位是 Peter Gordon 先生。

Peter

Michael

Michael 出生于伦敦，14 岁时随父母移民新西兰。当他告诉我年轻时他曾是职业演员时，我惊讶地瞪大眼睛说："真的？"他微笑着点点头，说年轻时他曾在伦敦各大剧院的舞台上表演过话剧，上过电视，演过电影，还在电台作过客串，在大学兼职做讲师。二三十岁的那些年，Michael 往返于伦敦与新西兰，1987 年在新西兰 Wellington（惠灵顿）[①]著名的餐馆 Sugar Club 就餐时，认识了在此餐馆做大厨的 Peter，两个人的友谊从此开始。

食材考究的融合菜

[①]惠灵顿是新西兰的首都、港口和主要商业中心，全国政治中心。

1989 年，Michael 再次返回伦敦，他一边继续演艺生涯，一边在餐馆做兼职。这样的生活一直持续到 1999 年。那一年 Peter 来到伦敦，说出他想在伦敦开餐馆的想法。当时的 Michael 对演艺圈内的名利竞争已经厌倦，希望改变自己的职业，加上对 Peter 的美食天赋的绝对信任，于是就决定和 Peter 一起合伙进军伦敦的餐饮市场。

在选址方面，两个人都倾向 Marylebone High Street（马里波恩高街），理由是：这一区的人虽然算不上社会名流，却都是殷实，不张扬，讲求生活质量，有品位的中产阶级，而这个阶层的人士正是他们的主要顾客群体。

2001 年 8 月，Providores 正式开张。

“Peter 是美食天才，他对美食有独特的领悟，很难把他做的东西归类，因为他是独一无二的。” Michael 这样评价 Peter。从 20 世纪 80 年代开始，Peter 就开创了将东西方风味融为一体的烹饪风格，被誉为 " 无国界融合料理之父 "。在食谱设计上，Peter 坚持高品质，并不断寻求创新多变；Michael 呢，擅长协调各方面的关系，包括与供应商，与员工，与顾客的关系等，让 Peter 可以高枕无忧地创造美食，并顺顺利利地将之呈现在顾客面前。两个人一个主内，一个主外，配合得天衣无缝。

如今的 Providores 包括一楼的提供饮品和早午餐的咖啡厅 (Tapa Room)，清淡，快捷，营养与美味兼顾；二楼的正式晚餐餐厅，在幽暗的烛光氛围中为客人提供高档晚餐搭配精选的葡萄酒。所以呢，无论是一个慵懒的周日来这里随意吃个早午餐，还是特别的日子到楼上的餐厅正式地庆祝一下，Providores 都是个很好的选择。

二楼的正式晚餐餐厅

下面是和 Michael 的访谈记录，与读者朋友分享下，希望你也能从中有所收获。

Q：Michael，我们都知道合伙开店是有利也有弊的，你认为和 Peter 合作愉快又成功的原因是什么？

A：可能我们在合作之前就是朋友，所以合作基础很好。我们两人的特长又互补。更重要的是我对 Peter 充满了敬佩，他是独一无二的天才美食家，工作勤奋，对朋友忠诚，功利心不强。

Q：进入餐饮行业的这些年，你收获的最大乐趣是什么呢？

A：我很享受做自己的老板，意味着可以按自己的意图去创造一些东西，并且使之不断完善，比如说我们的食物水准，还有服务水准。我和 Peter 对葡萄酒也很热衷，我们亲自去新西兰挑选好酒，还买下了 Waitaki Braids 这个酒庄[①]。当然，最大的乐趣还是看到顾客享用我们的美食，经常光顾。

Q：你认为是什么让你们的餐馆与众不同？

A：首先是 Peter 的超凡厨艺，其次是我们的员工提供的优质服务。我经常坐在一楼的咖啡屋里，看到一些熟悉的客人，就会和他们打招呼，寒暄一阵子，比如坐在你后面的那位先生，每周都会来这里四五次，公事私事都习惯在这里谈了。

[①]位于新西兰北部奥塔哥地区怀塔基布雷兹地区，主要出产黑品乐 (pinot noir) 葡萄酒。

Q：工作之外你喜欢做什么？

A：我有23年的演艺生涯，所以看电影、话剧还是我最爱的消遣。可惜最近太忙了，已经积累了40多部要看还没看的电影了！

Q：你最近的一次假期是怎样的？

A：和家人去了西班牙的一个古老的小镇，住在当地的小旅店里，每天就是开车去海滩散步，晒太阳，看书，回来与小镇里的居民聊聊天，享受一下当地的美食。我今年已经58岁了，经历过繁华，现在最想要的就是简单的生活。

Q：你可不像58岁的人！

A：多谢了！归功于Peter的美食和新西兰的好酒吧！

Q：你退休之后会做什么呢？

A：你可能不信，但我就想坐在咖啡屋里看报纸，看过往的行人，看时间悄悄地溜走。

Q：你去过中国吗？

A：还没有，但Peter去过了，还写了一遍关于中国美食的文章。他和我说，中国很大，发展得很快，各地文化差异非常大，贫富差距也非常大。感觉中国现在太现代化，有一点失去了中国特有的古老的东西。

Q：你对中国人的印象呢？

A：很难讲，中国这么大，人这么多，我想一定和任何国家一样，有非常不同背景和个性的人。

Q：越来越多的中国人来伦敦旅游，你对刚来伦敦旅行的人有什么建议呢？

A：你知道那种红色的双层敞篷巴士吗？不是开玩笑，我觉得那是很好的初步旅行的办法，带着你去伦敦最有名的景点，你随时可以下车，观光，然后再跳上下一班车去下一个景点，很方便快捷！

Q：噢，对啦，你们的店名 Providores 是什么意思？字典里好像查不到！

A：Providores 是旧式英语，就是"提供美食的人"。我们的全名是 The Providores and Tapa Room。Tapa 可不是西班牙餐前小吃的 Tapas，而是你身后的壁毯，来自太平洋岛国的桑树皮。这种桑树皮可以用于祭祀典礼的背景装饰，也可以做成衣服。我们的这一块来自 Rarotanga（拉罗汤加岛），有一次在那里旅行看当地人的舞蹈表演，就是用这块树皮做舞台背景，我们很喜欢，当地人就送给我们做礼物。

——原来如此！

Tapa——来自太平洋岛国的桑树皮布

在“奶酪博物馆”里喝杯咖啡

LA FROMAGERIE

地址：2-6 Moxon Street，London W1U 4EW

最近地铁站：Baker Street

营业时间：周一至周六：9am—7pm；周日：10am—6pm

电话：+44（0）20 7935 0341

网站：http://www.lafromagerie.co.uk

文字：茉莉 / 图片：店铺官方提供

既然介绍了 Providores，我实在不忍心不给大家介绍它附近的这家“奶酪博物馆”（这也是我老公最爱的店铺）。这似乎是跑题了，可是坐在奶酪博物馆喝一杯咖啡，又有什么不可以呢？定是一种别样的体验！

有多少中国人的舌头可以习惯奶酪的味道？有多少中国人的胃可以消化得了奶酪？可是不管怎样，奶酪是西方美食中不可或缺的一部分，地位不亚于葡萄酒。来到伦敦，吃不吃奶酪倒是其次了，但参观一下这个近似“奶酪博物馆”的食铺 LA FROMAGERIE 却是必需的！

La Fromagerie 是个法语单词，就是“奶酪”的意思。位于茉莉十分喜欢的马里波恩高街的一条支巷中。我们说“酒香不怕巷子深”，那么奶酪的特别的香味也是老远就能闻得到。

La Fromagerie 是当之无愧的伦敦最棒的奶酪店，这样说不仅是因其奶酪的质量之高，品种之全，主人对奶酪之酷爱和精通，环境之舒适优雅，还因为这里定期举办的品尝会，让对美食感兴趣的朋友汇集在一起，互相学习切磋。总之，La Fromagerie 是马里波恩这个城市村落（Urban Village）的重要元素之一，是当地居民非常喜爱的社团聚会场所。另外，对奶酪有兴趣的游客也会找到这里，可能是读过老板娘写的书吧！

有如艺术品装置的奶酪货架

La Fromagerie 的主人是夫妻俩 Patricia 和 Danny Michelson，在 Moxon Street 的这家店是 2002 年 11 月开业的。说实话在伦敦像 La Fromagerie 这样的奶酪专卖店还真是不多，英国人总的来说也不像法国人或瑞士人那样嗜奶酪如命，所以大多数人只从超市中买些大众口味的奶酪，对奶酪热衷一些的人呢，就去周末的集市中买直接由乡下农场主带来的奶酪，品种多，质量高。

Patricia 和 Danny Michelson 夫妇无疑属于奶酪的“严肃的喜爱者”，他们的奶酪都是从精挑细选的上等奶牛场引进的，直接运送到店铺，在店铺里面的发酵室发酵。发酵这一过程对奶酪的品质至关重要，据说奶酪味道成功与否 50% 取决于发酵过程，所以他们聘请了专业的 affineurs（曾经对我来说完全陌生的词汇——“奶酪发酵师”）悉心控制这一过程，让其成熟到最佳状态。Patricia 常常会亲自品尝，判断奶酪是否到了最佳食用期。而这一过程可能是两周，也可能是两年！

店铺里的“奶酪房”可不是做做样子而已，而是专业的奶酪发酵储藏室，四周全部用玻璃密封，温度控制在 10°C—13°C，湿度 85%/RH—90%/RH（RH 就是相对湿度）。货架和地板全部是木制，清洗时只能用热水，不能用任何化学制剂，这样一来空气中的有益细菌才能存活，有害细菌才不会产生，把奶酪当作有生命的东西“养”着。

奶酪房

走进 La Fromagerie，就好像走进了乡下的农场，全木质的家具，褐色的地板，磨得旧旧的。柔和的灯光配上部分来自房顶玻璃的自然光，舒缓的音乐，让你觉得放松。除了这个 20 平方米的奶酪展示厅，这里还有销售新鲜果蔬的区域，现场为客人制作面包、果酱、蛋糕、饼干的案台和坐下来品尝奶酪，喝喝咖啡的地方。如果你选了奶酪，La Fromagerie 的工作人员会给你建议搭配的红酒和小吃；如果你对奶酪并不怎么感兴趣，那也可以选些手工制作的甜点，慢慢喝杯咖啡，忘记了这是伦敦的中心，好像来到了英国的郊外。

浓香的奶酪味跃然纸上

田园市集风的店铺一隅

La Fromagerie 喜欢给客人新鲜感，几个区域都是用货架隔开，时不时重新排列组合一下，搞搞新感觉。他们每月两次的美食聚会也时常会邀请伦敦的名厨亲自掌勺，和大家谈谈美食经，这种活动成为社区文化的一部分。

老板娘 Patricia 组织的美食品鉴会

有田园集市风格的购物区

诱人的奶酪

La Fromagerie 提供给大家的是位于城市中心的田园市集，在这里拎一个竹篮，只需要想今天晚上的食谱，购买一些新鲜的有机食物，而不是开车到市区之外的超级市场，买满满一车的有防腐剂的食物，够一家人食用一周的。相比之下前者轻松惬意很多，而且保证食物的新鲜。夫妻俩并不反对超级市场，只是希望像他们这样的精品小型食铺再多一些，可以和超级市场并存，给大家不同的购物方式的选择。

夫妻俩喜爱美食，也喜爱旅行。在旅行的过程中，如果他们品尝到味美的奶酪、火腿、葡萄酒、橄榄油，就直接和农场的主人联系，无论是在法国的南部，还是意大利的托斯卡纳。La Fromagerie 的产品好像是以奶酪为圆心（也是重心），一层层向外画圆，扩展和奶酪相辅相成的产品。最近，Patricia 还亲自研究出一种有机饼干的配方，在店里出售，还准备出口到法国呢。将奶酪涂在这种饼干上，味道很不错。

他们觉得和供货商直接打交道不仅可以对食品的质量放心，也可以建立起很人性化的合作关系，更重要的是鼓励这些独立的手工制作工艺继续流传下去，不会被大规模工业化生产完全吞并。因为很多手工制作工艺的微妙之处是机器永远代替不了的，它讲究的是对每一个步骤的细心观察，用眼睛看颜色，用鼻子闻气味，用手指触摸质感，根据环境和材料的不同随之做出细微的调整，慢慢地等待大自然赐予的美味成熟到最佳食用期，才会使最终的产品味道那么的与众不同。用 Patricia 的话说，“这中间显示的是细心、耐心和尊重”。

Patricia 在家里是妻子，是母亲，在店里是老板娘，和员工一起忙碌，不知道从哪里挤出来的时间，她还写了两本关于奶酪的书，并拿了美食书籍的奖项！书中记录了她琢磨出来的几十种和奶酪有关的食谱，还有她追寻手工艺高质奶酪场的足迹。伦敦很多美食家和品酒师，都会咨询 Patricia 关于高端的食材和红酒如何和奶酪搭配。如何有此分身之术，是她的丈夫也搞不清楚的谜！我想是缘自她对所从事事业的热爱吧，辛苦忙碌都变成了一种享受！

温婉又能干的老板娘 Patricia

Patricia 的第一本书，《奶酪房》出版于 2004 年

Patricia 的第二本书，《奶酪——探索味觉与传统》

奶酪的品种有几百种，La Fromagerie 就经营不下 200 种！主人很有条理地将之按下面的种类划分：

按奶来源的动物划分：水牛、奶牛、绵羊、山羊

按软硬程度划分：软、半软、半硬、硬

按产地划分：英国、法国、奥地利、荷兰、爱尔兰、瑞士、德国、意大利、葡萄牙、西班牙、威尔士、其他（这样看来欧洲不吃奶酪的国家很少呀）。

目前销量最高的是以下几种，不妨尝尝看！

BEAUFORT, COMTE, CHEDDAR, BRIE, BRIE AUX TRUFFE, STILTON, FOURME D'AMBERT, CATHAR GOAT'S CHEESE, CAMEMBERT, PARMIGIANO REGGIANO, MOZZARELLA DI BUFALA .

悬浮在运河之上的意大利咖啡馆

CAFÉ LAVILLE

地址：453 Edgware Road, London W2 1TH

最近地铁站：Warwick Avenue

营业时间：周一至周日 10am—10：30pm

电话：+44 207 706 2620

文字 + 图片：茉莉

坐地铁 Bakerloo Line, 在 Warwick Avenue[①]下车，就可以步行来到伦敦的小威尼斯（Little Venice）[②]，伦敦的 Grand Union 运河[③]在这一段特别美：运河上有几座造型别致的小桥，运河两岸有维多利亚时期的古典欧洲建筑，运河上停靠着漆成各种颜色并有着独特名字的渡船，还有优雅的白天鹅浮在水面，这是一幅比较经典的欧洲油画。

在 Blomfield 渡口不到 100 米处，你就会看到 Café Laville 的招牌，这家意大利咖啡屋，就在运河的桥洞之上，仿佛悬浮在空中，这得天独厚的地理位置真是想不浪漫都难！初恋的男生带着女生从 Camden[④]散步到这里，很不经意地说："累了吧？哎，你看，正好这里有家咖啡屋，进去坐坐喝点东西吧？"女生看到这家咖啡屋，没有一个会拒绝的。

[①]英国曾经红极一时的女歌手 Duffy 的成名歌曲，就叫 Warwick Avenue, 故事就发生在这里。

[②]顺便可以去附近的一家木偶剧院 the Puppet Theatre Barge。这个位于船里的剧场能够容下大概 50 名观众，每日都会公映一些有意思的玩偶剧目，新奇的演出异想天开，运用光与影和游戏道具，打造出一个梦幻般的世界，让人直呼精彩纷呈。

[③]英国著名的 Grand Union Canal, 建成于 1805 年，全长 137 英里，一直通到北部的工业大城市伯明翰，是英国工业革命时期的产物。

[④]是的，从这里可以一直走到伦敦赫赫有名的很嬉皮的 Camden, 中间只有一小段要回到主路上，其他部分的小路都是贴着运河。

地铁站口的图标

船儿在露台下穿过，你甚至可以和船上的朋友短暂握手

走进 Café Laville，你也不会失望！咖啡屋虽小，但很精致。对着运河的一面完全是落地玻璃墙，屋顶也是玻璃天窗，所以非常的通透明亮，好像置身于一个玻璃匣子里面。晴天时仿若“阳光温室”的惬意自是不必多言；雨天时小憩于此，听着雨点敲打着玻璃的声响，伴着满室的咖啡香气和爵士乐，会多一分略带惆怅的美好思绪。到了夜晚，抬头看到漫天的星罗棋布，低头看到皎洁的月亮倒映在运河里，仿佛置身在油画里。

露台初建时只有 10 平方米，因为太受欢迎，在 2011 年 6 月扩建，现在有 35 平方米，可以容纳四五张桌子。坐在这里正对着运河，好像悬浮在空中，看两岸的树木，看脚下来来去去的渡船，微风拂面，情侣的悄悄话说不完，这样浪漫的所在，喝白水都已经醉了吧？曾经在这里目睹过尴尬但浪漫的一幕：一对情侣想必是刚刚认识，男士面对心仪的女士和这美景，激动得碰洒了咖啡，洒在了女士碰巧穿着的白色裤子上！哈哈，虽然尴尬，但很可爱，紧张的背后是对女士满满的在意。如果他们现在已经结婚了，想必会时常回到这里。

玻璃穹顶下观月听雨

因为我在伦敦的家就在这附近，所以在这个三维空间的小小一隅不知消磨了多少时光，看过午后的斜阳，看过辉煌的落日，看过秋叶染红，也看过冬雪皑皑。

晴好的天气里，玻璃屏风打开，露台和大厅打通，气场全开

秋日梧桐树下的 Café Laville

这里的提拉米苏，仅次于我做的味道啦

一个不太忙的下午，我和大厨 Alberto 聊起天来。他来自意大利的南部——Calabria。都知道意大利的地图像一只靴子，Calabria 就刚刚好是靴子的尖，对望西西里岛。Alberto 在 2009 年来到伦敦，他很喜欢伦敦，还说伦敦的意大利餐味道还是很正宗的。我对他说：“四天后我就要去意大利的西西里岛旅行了！意大利是我最爱的欧洲国家！”他一点也不客气，回应道：“当然了，意大利是所有人最爱的国家！”意大利人的激情、爽快和自豪溢于言表！我接着说：“那除了意大利，你还喜欢那个国家？”他说：“中国呀！我喜欢中国的食物，喜欢中国人的友好。”他又指了指窗外的一家中餐馆，“我很喜欢去那里，最爱鸡肉炒面，淋上甜辣酱，嗯，好吃！”

我提议给他照一张照片，他坚决不让，说今天二厨病了，他一大早就来到这里，胡子都没有刮，又很累，不能真实地反映他的颜值！哈哈！真是典型的意大利男人！

只拍到 Alberto 躲在花束后面

补记：在来过 Café Laville 很多次之后才知道，被我一直当成侍者的 Gino 先生，其实是这里的老板！每次都看到他跑前跑后地忙碌着。伦敦大多数独立咖啡馆的主人都是第一代创始人，所以身先士卒是必须的！

戴眼镜的这位就是老板 Gino 先生

隐藏在绿野仙踪般的园艺中心的咖啡馆

FLOTSAM & JETSAM CAFÉ @ CLIFTON NURSERIES

地址：5A Clifton Villas, London W9 2PH

最近地铁站：Warwick Avenue

营业时间：周一至周六 9am—6pm，周日 10：30am—5pm

电话：+44 207 432 1867

网站：http://www.clifton.co.uk /flotsam-jetsam-cafe-london

文字 + 图片：茉莉

Clifton Nurseries 坐落于伦敦西北二区，和 Café Laville 一样，在“小威尼斯”旁边，离 Warwick Avenue 地铁站咫尺之遥，是远近闻名的高品质园艺中心。这样规模的园艺中心一般是在郊区，而 Clifton 可谓是难得的大隐隐于市的城市绿洲。它的历史可以追溯到 1851 年，其间几易其主，包括罗斯柴尔德家族的 Lord Jacob Rothschild 爵爷。雄厚的财力和专业的园艺师，让 Clifton 成为伦敦最古老的也可以说是最著名的园艺中心，除了提供花卉，也提供大屋的整套园艺规划，获得过很多园艺大奖。感兴趣的朋友可以到网站上浏览它的历史。

Clifton 花卉中心开辟了餐饮服务，由 Flotsam & Jetsam café 经营，因此也吸引了更多的客人。很多伦敦人会慕名而来，在这里慢慢挑选一些花草，和家人朋友吃一个午饭，喝个咖啡，慢悠悠地待上一天再回家。住在附近的人，比如说我自己，就算不为花草，也会特意来这里喝一杯咖啡，享半日之闲，因为它带给你的不仅是咖啡茶点，更多的是这里的幽雅的环境以及环境带给你的幽雅心境。

通往花卉中心的路

通往玻璃花房的小路

步入 Clifton，你会暂时忘记这里是伦敦的中心地带，好像来到了绿野仙踪般的英国郊外。这里除了 100 多平方米的大玻璃花房[①]，还有鲜花店、室内装饰品部和花卉种子及园艺工具部。在这些花卉和特色的店铺中间，是 Clifton 特有的咖啡屋。2010 年经过重组，现在的餐饮部分为室外和室内两个部分，所以无论英国的天气怎样多变，你都可以在此停留半晌。

[①]建于 20 世纪 80 年代，在当时可是很轰动的。

咖啡厅室内部分，墙上挂着 Clifton 的历史进程

这难得的阳光和温度，我格外珍惜，会在户外足足待上一个小时，忘记了自己来这里是挑选花卉还是偷得人生片刻闲！主人会在桌子上摆放一些卡片，卡片的一面是 Clifton 的联系方式，另一面是一款蛋糕的烘焙方法，不要忘了带一张回去试试呀！

半室外的部分

然后去对面的鲜花店，让拿过插花大奖的 Jane 帮我搭配一束鲜花，淡粉的玫瑰、嫩黄的百合、含苞的芍药，送给朋友，留给自己，都手有余香。

在一个晴好的夏季，坐在花丛中，听鸟语闻花香，手捧一杯咖啡或者凉饮，尝一尝自家烘焙的司康（scone），涂上自家炼制的草莓果酱和奶油，那才是英式的闲情逸致和接近自然的原生态！谁也不能否认，咖啡的香气和花香是完美的味觉和嗅觉组合！这里贴心地为和我一样的乳糖不耐受的客人提供燕麦奶、豆奶，或者杏仁奶拿铁。

Clifton 特别培育的名叫"登冰山"的玫瑰

然后慢慢踱到附近的小运河，踩着松软的落叶，沿着河边漫步，将秋天特有的草木的清香和一丝寒意带回家中。

或者是一个深秋的午后，躲进室内，饮着咖啡，吃着巧克力布朗尼，透过玻璃看窗外的一片红色、黄色的秋木，落叶一片，感叹一下天凉了，该添衣了，该拾一些板栗回去了，该写信给 Maggie 祝她生日快乐了，该开始筹备圣诞的购物了！对面的装饰品店就可以给我很多启发！

花卉种子及园艺工具部

园艺工具部一角

最喜爱在此喝咖啡。浸没在清香的草木花卉中，庆幸英国竟然没有蚊子

当年获过大奖的玻璃房，陈列着你能想到的所有和园艺有关的用品

食物中也少不了草木花卉的启发

小贴士: 逛完 Clifton, 可以步行去这家在运河边的餐厅用正餐，The Summer House，60 Blomfield Road， London，W9 2PA。

时间凝固了 70 年的意大利“教父”咖啡馆

Bar Italia

地址：22 Frith Street, London, W1D 4RF

最近地铁站：Oxford Circus / Leicester Square

电话：+44 20 7437 4520

文字 + 图片：茉莉

先请大家注意一下上图右上方的蓝匾[①]，上面标注着：著名的工程师 / 发明家约翰·罗杰·贝尔德（John Logie Baird，1888.8.13—1946.6.14）1926 年曾住在这里。他于 1924 年发明了简单的用机械扫描法传输图像的电视机。1925 年，在伦敦 Selfridges 百货公司首次作公众示范。

而楼下就是 Bar Italia。它位于伦敦的心脏 Soho 区，伦敦最著名的爵士乐酒吧 Ronnie Scott[②]就在对面，可以说是伦敦咖啡业界的“教父”。20 世纪 90 年代英国果浆乐队（英语：Pulp[③]）的一首脍炙人口的同名歌曲唱红了这家 bar，因此在很多人的印象里，这里仍是“where are all the broken go”（伤心人的流连之地）。

There's only one place we can go

我们只有一个地方可去

It's around the corner in Soho

那就是苏豪区旁边的角落

Where other broken people go

其他伤心的人们都去那里

Let's go

我们走吧

---

①即 Blue Plaque，本书“七条通的历史和今天”一文中也介绍过。由英国文化遗产管理官方机构所管理，目的是用来纪念该房子、地点与英国各时代著名人物的联结标记。

②喜欢爵士乐的朋友一定要去 Ronnie Scott 听一场，所有的爵士大腕来欧洲都会光临此处。

③ Pulp 是英国另类摇滚乐队，由主唱兼吉他手贾维斯·卡克（Jarvis Cocker）于 1978 年组建、成立于英格兰工业重镇谢菲尔德。1995 年的“Different Class”真正使他们大红大紫，成为 Britpop（英伦流行音乐）运动中的重要乐队之一。

70 多年的历史，加上主人是意大利移民，多少有点《教父》之类的黑手党电影的神秘。而《教父》的导演 Francis Ford Coppola 还真的光顾过 Bar Italia。绿色霓虹灯招牌，红色 Gaggia[①] 咖啡机，白色掺杂其中，不难联想到意大利的国旗色。

1949 年，意大利夫妇 Lou 和 Caterina Polledri 在 Soho 开了这家咖啡店，希望提供高品质的意大利咖啡，同时也提供给大家，尤其是意大利移民，一个聚会的场所。70 多年来，这两项宗旨始终没有变。

Bar Italia 的咖啡豆来自隔壁的 A. Angelucci[②]，咖啡机是著名的 Gaggia，都是响当当的意大利名牌，70 多年来都没有更改过。如门口左上方悬挂的标志性的马蹄形钟表，也是如此。

[①] Gaggia，意大利产高档咖啡机，可以说是咖啡机中的法拉利。意大利人 Mr Gaggia 于 1938 年发明了用弹簧塞代替蒸汽来冲煮咖啡的方法，在咖啡冲煮时提供了 15bar 的大气压力，通过这项技术，咖啡中的韵味及香气被完全萃取，并创造出浓郁的“咖啡香脂”，让冲煮咖啡的时间缩短到仅仅只需要 15 秒。本书另一家咖啡馆 Troubadour 用的也是这个品牌的咖啡机。

[②] 1934 年建立，来自意大利的咖啡豆供应商，给伦敦多家最受欢迎的咖啡馆提供高质咖啡。本书另一家咖啡馆 Troubadour 用的就是 A. Angelucci 的咖啡豆。

70 年来不曾改变的“容颜”，由现任主人的爷爷的弟弟亲自铺的瓷砖

PS. 意大利人也喜欢大蒜?

和咖啡一样，这里的装饰也几乎保留了原貌：左侧墙上的长镜子，右侧墙上的老照片，屋顶的吊扇和意大利国旗，还有这瓷砖地板！现任主人 Antonio（Lou 和 Caterina Polledri 的孙子）笑言意大利建筑的坚固，庞贝城经历了那样一场天灾都还能存留遗迹！这瓷砖地板当初是他爷爷的弟弟铺的，70 多年来这里不知接待了多少客人，仍然完好无缺。

咖啡机后面的墙上挂着拳王 Rocky Marciano①的照片，Rocky 和老板 Antonio 的父亲 Nino 是好朋友，两人的友谊持续了几十年，每次 Rocky 来到伦敦，都会在 Bar Italia 喝咖啡，吃意大利餐，甚至留宿。1969 年 Rocky 飞机失事去世后，他的遗孀将这张照片送给 Bar Italia 作为礼物，之后就没有被摘下过，因为 Rocky 是意大利人坚强不屈的精神代表。

---

①洛奇・马西亚诺，原籍意大利的重量级拳王，拳击赛场上唯一直到退休仍然没有败绩的拳手。他的成绩是 49 胜 0 负，43 次将对方击倒在地。史泰龙曾在电影里饰演过他。

拳王遗孀赠予的拳王 Rocky 的照片

意大利人对足球的疯狂是世人皆知，所以 Bar Italia 的主人在最里面的一面墙上安装了大屏幕电视，有意大利足球队比赛的时候，这个面积不大的咖啡馆就会挤满了球迷，欢呼呐喊，热闹非凡。1982 年和 2006 年，意大利足球队赢得了世界杯，这里的气氛达到了沸点，照片刊登在各大报纸上。

意大利球迷在 Bar Italia 门前庆祝赢得世界杯

在没有赛事的时候，Bar Italia 像个安静的意大利大叔，24 小时开放，什么时候来到这里，都可以放松下来，时光好像倒流到 20 世纪 50 年代。不管你是普通的游客，还是伦敦的名人，都会得到服务生的热情接待和一杯上好的意大利香醇咖啡，当然还有意大利的经典美食：比萨饼、空心粉、火腿……

70 多年来，Soho 从红灯区转变成各国文化交融的场所，很多店铺关闭，很多店铺开张，而 Bar Italia 一直静静地存在在这里，观望外面的世界风起云涌，以它的不变应对万变，像一枚“时间胶囊”。来这里喝杯咖啡，喝的是情怀，是历史。

夜晚霓虹灯下的 Bar Italia

附录一

序言（英文原版）

It is a great pleasure to have the chance to introduce this delightful book to audiences in China. Whilst on the surface you might think you are picking up a guide to cafes across London, on closer inspection you will soon realise that you are dipping into history, and culture, learning more about coffee specialisms, and meeting some characters who are obsessed with making the perfect cup of coffee. We are offered not just the history of each café and its unique characteristics but also a flavour of the surroundings, as well as the philosophy and the passion of the Café owners.

I have no doubt that this book will have great appeal in a city like Shanghai where coffee has been raised almost to a cult, and a fashion statement. It seems as if new coffee vendors and cafes are opening on a daily basis, and where you go to buy your takeaway or sit and while away a Sunday afternoon says a lot about you and your lifestyle. Whilst this is a relatively recent development in Shanghai, by contrast London's coffee houses go a long way back in time. The first London coffee house was thought to have been established in 1652. It was about this time that travelers first introduced coffee as a beverage whereas previously it had been used for its supposed medicinal purposes. At that particular time in British history coffee houses became the natural meeting place of men who met to swop news and conduct commerce. I just love the picture on page 12 of which conjures up the atmosphere and the way a coffee shop at that time was used by bewigged men to drink coffee, talk politics, exchange social gossip, and smoke tobacco. In fact social historians have likened coffee houses in the 17th and 18th century to places of intellectual and cultural debate, alternatives to universities. A little different then from nowadays where we will find at least as many women as men, a taboo on smoking, . . .but still some news and gossip and possibly some level of social and political commentary going on.

The 16 cafes featured in this wonderful book are all thriving—despite a couple of hard years during the pandemic. I wondered how they survived. It seems they have a loyal clientele, a passion for their craft and are not driven by a profit motive but rather by excellence, and quality. They are all over London, in the nooks and crannies of the city—from Earls Court to Chancery Lane, from Seven Dials to Soho, Hampstead and Brick Lane. Such a diversity of locales, and each with a unique ambience. There is a strong sense of social responsibility and ethically driven approach, 'fair trade' with coffee farmers, investment in environmentally friendly roasting machines, and often an association with organic or specialist food.

I feel sure that these cafes will continue to thrive because they have established themselves in a community and they serve a wider social purpose for the people who live and work in those areas—just as the Coffee Houses of the 17th and 18th century served a need at the time.

I hope that when you are next in London, you will have this book with you and that will give you a chance to discover London through a different perspective.

Gill Caldicott

British Consulate, Culture and Education Director

附录二

其他推荐的咖啡馆

Allpress

58 Redchurch Street, London, E2

Climpson & Sons

67 Broadway Market, London, E8

Department of Coffee and Social Affairs

14–16 Leather Lane, London, EC1N

Caravan

11–13 Exmouth Market, London, EC1R

Department of Coffee & Social Affairs

14–16 Leather Lane, London, EC1N 7SU

Exmouth Coffee Company

Whitechapel High St, London, E1 QX

Espresso Room

31–35 Great Ormond St, London, WC1N 3HZ

Federation Coffee

Units 77–78 Brixton Village Market, Coldharbour Lane, London, SW9 8PS

Lantana DL78

78 Charlotte Street, London, W1T 4QS

Ozone Coffee

11 Leonard Street, London, EC2A 4AQ

Shoreditch Grind

213 Old Street, London, EC1V 9NR

Tapped & Packed

26 Rathbone Place, London, W1

附录三

Prufrock一文中引用的诗歌

——“The Love Song of J. Alfred Prufrock”

By T. S. Eliot

S' io credesse che mia risposta fosse
A persona che mai tornasse al mondo,
Questa fiamma staria senza piu scosse.
Ma perciocche giammai di questo fondo
Non torno vivo alcun, s' i' odo il vero,
Senza tema d' infamia ti rispondo.

Let us go then, you and I,
When the evening is spread out against the sky
Like a patient etherized upon a table;
Let us go, through certain half-deserted streets,
The muttering retreats
Of restless nights in one-night cheap hotels
And sawdust restaurants with oyster-shells:
Streets that follow like a tedious argument
Of insidious intent
To lead you to an overwhelming question...
Oh, do not ask, "What is it?"
Let us go and make our visit.

In the room the women come and go
Talking of Michelangelo.

The yellow fog that rubs its back upon the window-panes,
The yellow smoke that rubs its muzzle on the window-panes,
Licked its tongue into the corners of the evening,
Lingered upon the pools that stand in drains,
Let fall upon its back the soot that falls from chimneys,
Slipped by the terrace, made a sudden leap,
And seeing that it was a soft October night,
Curled once about the house, and fell asleep.

And indeed there will be time
For the yellow smoke that slides along the street,
Rubbing its back upon the window-panes;
There will be time, there will be time
To prepare a face to meet the faces that you meet;
There will be time to murder and create,
And time for all the works and days of hands
That lift and drop a question on your plate;
Time for you and time for me,
And time yet for a hundred indecisions,
And for a hundred visions and revisions,
Before the taking of a toast and tea.

In the room the women come and go
Talking of Michelangelo.

And indeed there will be time
To wonder, "Do I dare?" and, "Do I dare?"
Time to turn back and descend the stair,
With a bald spot in the middle of my hair—
(They will say: "How his hair is growing thin!")
My morning coat, my collar mounting firmly to the chin,
My necktie rich and modest, but asserted by a simple pin—
(They will say: "But how his arms and legs are thin!")

Do I dare
Disturb the universe?
In a minute there is time
For decisions and revisions which a minute will reverse.

For I have known them all already, known them all:
Have known the evenings, mornings, afternoons,
I have measured out my life with coffee spoons;
I know the voices dying with a dying fall
Beneath the music from a farther room.
So how should I presume?

And I have known the eyes already, known them all—
The eyes that fix you in a formulated phrase,
And when I am formulated, sprawling on a pin,
When I am pinned and wriggling on the wall,
Then how should I begin

To spit out all the butt-ends of my days and ways?
And how should I presume?
And I have known the arms already, known them all—
Arms that are braceleted and white and bare
(But in the lamplight, downed with light brown hair!)
Is it perfume from a dress
That makes me so digress?
Arms that lie along a table, or wrap about a shawl.
And should I then presume?
And how should I begin?

Shall I say, I have gone at dusk through narrow streets
And watched the smoke that rises from the pipes
Of lonely men in shirt-sleeves, leaning out of windows? ...

I should have been a pair of ragged claws
Scuttling across the floors of silent seas.

And the afternoon, the evening, sleeps so peacefully!
Smoothed by long fingers,
Asleep ... tired ... or it malingers,
Stretched on the floor, here beside you and me.
Should I, after tea and cakes and ices,
Have the strength to force the moment to its crisis?
But though I have wept and fasted, wept and prayed,
Though I have seen my head (grown slightly bald) brought in upon a platter,
I am no prophet—and here no great matter;
I have seen the moment of my greatness flicker,
And I have seen the eternal Footman hold my coat, and snicker,
And in short, I was afraid.

And would it have been worth it, after all,
After the cups, the marmalade, the tea,
Among the porcelain, among some talk of you and me,
Would it have been worth while,
To have bitten off the matter with a smile,
To have squeezed the universe into a ball
To roll it toward some overwhelming question,
To say: "I am Lazarus, come from the dead,
Come back to tell you all, I shall tell you all" —
If one, settling a pillow by her head,
Should say: "That is not what I meant at all;
That is not it, at all."

And would it have been worth it, after all,
Would it have been worth while,
After the sunsets and the dooryards and the sprinkled streets,
After the novels, after the teacups, after the skirts that trail along the floor—
And this, and so much more?—
It is impossible to say just what I mean !
But as if a magic lantern threw the nerves in patterns on a screen:
Would it have been worth while

If one, settling a pillow or throwing off a shawl,
And turning toward the window, should say:
"That is not it at all,
That is not what I meant, at all."

No I am not Prince Hamlet, nor was meant to be;
Am an attendant lord, one that will do
To swell a progress, start a scene or two,
Advise the prince; no doubt, an easy tool,
Deferential, glad to be of use,
Politic, cautious, and meticulous;
Full of high sentence, but a bit obtuse;
At times, indeed, almost ridiculous—
Almost, at times, the Fool.

I grow old... I grow old...
I shall wear the bottoms of my trousers rolled.

Shall I part my hair behind? Do I dare to eat a peach?
I shall wear white flannel trousers, and walk upon the beach.
I have heard the mermaids singing, each to each.
I do not think that they will sing to me.
I have seen them riding seaward on the waves
Combing the white hair of the waves blown back
When the wind blows the water white and black.

We have lingered in the chambers of the sea
By sea-girls wreathed with seaweed red and brown
Till human voices wake us, and we drown.

下面是查良铮的译文：

J. 阿尔弗瑞德·普鲁弗洛克的情歌

假如我认为，我是回答
一个能转回阳世间的人，
那么，这火焰就不会再摇闪。
但既然，如我听到的果真
没有人能活着离开这深渊，
我回答你就不必害怕流言。

那么我们走吧，你我两个人，
正当朝天空慢慢铺展着黄昏
好似病人麻醉在手术床上；
我们走吧，穿过一些半清冷的街，
那儿休憩的场所正人声喋喋；
有夜夜不宁的下等歇夜旅店
和满地蚌壳的铺锯末的饭馆；
街连着街，好像一场讨厌的争议
带着阴险的意图
要把你引向一个重大的问题……
唉，不要问，“那是什么？”
让我们快点去作客。

在客厅里女士们来回地走，
谈着画家米开朗基罗。

黄色的雾在窗玻璃上擦着它的背，
黄色的烟在窗玻璃上擦着它的嘴，
把它的舌头舐进黄昏的角落，
徘徊在快要干涸的水坑上；
让跌下烟囱的烟灰落上它的背，
它溜下台阶，忽地纵身跳跃，
看到这是一个温柔的十月的夜，
于是便在房子附近蜷伏起来安睡。

呵，确实地，总会有时间
看黄色的烟沿着街滑行，
在窗玻璃上擦着它的背；
总会有时间，总会有时间
装一副面容去会见你去见的脸；
总会有时间去暗杀和创新，
总会有时间让举起问题又丢进你盘里的
双手完成劳作与度过时日；
有的是时间，无论你，无论我，
还有的是时间犹豫一百遍，
或看到一百种幻景再完全改过，
在吃一片烤面包和饮茶以前。

在客厅里女士们来回地走，
谈着画家米开朗基罗。

呵，确实地，总还有时间
来疑问，“我可有勇气？”“我可有勇气？”
总还有时间来转身走下楼梯，
把一块秃顶暴露给人去注意——
（她们会说：“他的头发变得多么稀！”）
我的晨礼服，我的硬领在下颚笔挺，
我的领带雅致而多彩，用一个简朴的别针固定——
（她们会说：“可是他的胳膊腿多么细！”）
我可有勇气

搅乱这个宇宙?
在一分钟里总还有时间
决定和变卦，过一分钟再变回头。

因为我已经熟悉了她们，熟悉了她们所有的人——
熟悉了那些黄昏，和上下午的情景，
我是用咖啡匙子量走了我的生命；
我熟悉每当隔壁响起了音乐，
话声就逐渐低微而至停歇。
所以我怎么敢开口?

而且我已熟悉那些眼睛，熟悉了她们所有的眼睛——
那些眼睛能用一句成语的公式把你盯住，
当我被公式化了，在别针下趴伏，
那我怎么能开始吐出
我的生活和习惯的全部剩烟头?
我又怎么敢开口?

而且我已经熟悉了那些胳膊，熟悉了她们所有的胳膊——
那些胳膊带着镯子，又袒露又白净
（可是在灯光下，显得淡褐色毛茸茸！）
是否由于衣裙的香气
使得我这样话离本题?
那些胳膊或围着肩巾，或横在案头。
那时候我该开口吗?
可是我怎么开始?

是否我说，我在黄昏时走过窄小的街，
看到孤独的男子只穿着衬衫
倚在窗口，烟斗里冒着袅袅的烟?……

那我就会成为一对蟹螯
急急爬过沉默的海底。

啊，那下午，那黄昏，睡得多平静！
被纤长的手指轻轻抚爱，
睡了……倦慵的……或者它装病，
躺在地板上，就在你我脚边伸开。
是否我，在用过茶、糕点和冰食以后，
有魄力把这一刻推到紧要的关头？
然而，尽管我曾哭泣和斋戒，哭泣和祈祷，
尽管我看见我的头（有一点秃了）用盘子端了进来，
我不是先知——这也不值得大惊小怪；
我曾看到我伟大的时刻闪烁，
我曾看到那永恒的“侍者”拿着我的外衣暗笑，
一句话，我有点害怕。

而且，归根到底，是不是值得
当小吃、果子酱和红茶已用过，
在杯盘中间，当人们谈着你和我，
是不是值得以一个微笑
把这件事情一口啃掉，
把整个宇宙压缩成一个球，
使它滚向某个重大的问题，
说道：“我是拉撒路，从冥界
来报一个信，我要告诉你们一切。”——
万一她把枕垫放在头下一倚，
说道：“唉，我意思不是要谈这些；
不，我不是要谈这些。”

那么，归根到底，是不是值得，
是否值得在那许多次夕阳以后，
在庭院的散步和水淋过街道以后，
在读小说以后，在饮茶以后，在长裙拖过地板以后，——
说这些，和许多许多事情？——
要说出我想说的话绝不可能！
仿佛有幻灯把神经的图样投到幕上：
是否还值得如此难为情，

假如她放一个枕垫或掷下披肩，
把脸转向窗户，甩出一句：
 “那可不是我的本意，
 那可绝不是我的本意。”

不！我并非哈姆雷特王子，当也当不成；
我只是个侍从爵士，为王家出行，
铺排显赫的场面，或为王子出主意，
就够好的了；无非是顺手的工具，
服服帖帖，巴不得有点用途，
细致，周详，处处小心翼翼；
满口高谈阔论，但有点愚鲁；
有时候，老实说，显得近乎可笑，
有时候，几乎是个丑角。

呵，我变老了……我变老了……
我将要卷起我的长裤的裤脚。

我将把头发往后分吗？我可敢吃桃子？
我将穿上白法兰绒裤在海滩上散步。
我听见了女水妖彼此对唱着歌。
我不认为她们会为我而唱歌。
我看过她们凌驾波浪驶向大海，
梳着打回来的波浪的白发，
当狂风把海水吹得又黑又白。

我们流连于大海的宫室，
被海妖以红的和棕的海草装饰，
一旦被人声唤醒，我们就淹死。

下面是汤永宽的译文：

J. 阿尔弗雷德 · 普罗弗洛克的情歌

如果我认为我是在回答
一个可能回到世间去的人的问题，
那么这火焰就将停止闪烁，
人说从未有谁能活着离开这里，
如果我听到的这话不假，
那我就不怕遗臭万年来回答你。

那么就让咱们去吧，我和你，
趁黄昏正铺展在天际
像一个上了麻醉的病人躺在手术台上；
让咱们去吧，穿过几条行人稀少的大街小巷，
到那临时过夜的廉价小客店
到满地是锯屑和牡蛎壳的饭店
那夜夜纷扰
人声嘈杂的去处：
街巷接着街巷像一场用心诡诈冗长乏味的辩论
要把你引向一个令人困惑的问题……
“那是什么？”哦，你别问，
让咱们去作一次访问。

房间里的女人们来往穿梭
谈论着米开朗基罗。

黄色的雾在窗玻璃上蹭着它的背，
黄色的烟在窗玻璃上擦着鼻子和嘴，
把舌头舔进黄昏的各个角落，

在阴沟里的水塘上面流连，
让烟囱里飘落的烟灰跌个仰面朝天，
悄悄溜过平台，猛地一跳，
眼见这是个温柔的十月之夜，
围着房子绕了一圈便沉入了睡乡。

准会有足够的时间
让黄色的烟雾溜过大街
在窗玻璃上蹭它的背脊；
准会有时间，准会有时间
准备好一副面孔去会见你要会见的那些面孔；
会有时间去干谋杀和创造，
也会有时间去让那些在你的盘子里
拿起或放上一个疑问的庄稼汉干活和过节；
有你的时间，也有我的时间，
还有让你犹豫不决一百次的时间，
一百次想入非非又作出修正的时间，
在你吃一片烤面包和喝茶之前。

房间里的女人们来往穿梭
谈论着米开朗基罗

准会有时间
让你怀疑，“我敢吗？”“我敢吗？”
会有时间掉转身子走下楼去，
带着我头发中央那块秃斑——
（他们准会说：“瞧他的头发变得多稀！”）
我的大礼服，我的硬领紧紧地顶着我的下巴，
我的领带又贵重又朴素，但只凭一根简朴的别针表明它的存在——
（他们准会说：“可是他的胳膊和大腿多细！”）

我敢惊扰
这个世界吗？
一分钟里有足够的时间
作出一分钟就会变更的决定和修正。

因为我对它们这一切早已熟悉，熟悉它们这一切——
熟悉这些黄昏，晨朝和午后，
我用咖啡勺把我的生命作了分配；
我知道从远远的那个房间传来的音乐下面
人语声随着那渐渐消沉的节奏正渐趋消寂。
所以我还该怎样猜测？

我早已领教过那些眼睛，领教过所有那些眼睛——
那些说一句客套话盯着你看的眼睛，
等我被客套制住了，在墙上挣扎扭动，
那我该怎样开始
把我的日子和习惯的残余一股脑儿吐个干净？
我还该怎样猜测？

我早已熟悉那些臂膀，熟悉它们一切——
那戴着手镯的臂膀，赤裸而白皙
（可是在灯光下，长满了层浅棕色的软毛！）
是衣衫上飘来的芳香
弄得我这样离题万里？
那些搁在桌边，或者裹着围巾的臂膀。
我还该怎样猜测？
我又该怎样开始？

…… ……

要我说，在黄昏时分我已走遍了小街狭巷
也观看了那些穿着衬衫在窗口探出身子的孤独的男人
从他们的烟斗里冒出的烟？……

我真该变成一副粗粝的爪子
急匆匆穿过静寂的海底。

…… ……

而且这午后，这黄昏，睡得多安静！
让修长的手指抚慰着，
睡熟了……倦极了……或者是在装病，
张开身子躺在地板上，在这儿，在你和我身边。
喝过茶，吃过糕点和冰淇淋，难道我就会
有力气把这瞬间推向一个转折点
尽管我哭过了也斋戒过了，哭过了也祈祷过了，
尽管我已经看见我的头颅（稍微有点秃了）给放在盘子里端了进来，
我可不是先知——这一点在这儿无关紧要；
我已经看到我的伟大的时刻在忽隐忽现地闪烁，
我也看到了那永恒的男仆拿着我的上衣在暗暗窃笑，
总之一句话，我害怕。

那么到底值不值得，
喝过了酒，吃过了果酱和茶以后，
在杯盘之间，在人们对你和我的闲聊之间，
值不值得带着微笑
把这件事就此一口啃掉，
把这世界捏成一个球
然后把它滚向一个使人窘困的问题，
说："我是拉撒路，从死去的人们那儿来，
我回来告诉你们一切，我要告诉你们一切。"——
要是有个人，她一面把枕头往头边一塞，
却说："那压根儿不是我的意思。
不是那个意思，压根儿不是。"

到底值不值得这样，
值不值得为此破费功夫，
经过多少次日落，多少个庭园和多少微雨迷蒙的大街小巷，

经过多少部小说，多少只茶杯和多少条裙裾曳过地板以后——
还要来这一套，还有那么多吗？——
要说出我真想说的意思根本不可能！
可是仿佛有一盏幻灯把神经变成图案投射在屏幕上；
这值不值得破费功夫
如果有个人，放上一只枕头或者甩下一条头巾，
一面向窗子转过身去，却说；
“那压根儿不是，
那压根儿不是我的意思。”

…… ……

不！我不是哈姆雷特王子，也不想成为王子；
我是侍从大臣，一个适合给帝王公侯出游
炫耀威风的人，发一两次脾气，
向王子提点忠告；毫无疑问，是个随和的爪牙，
恭顺谦虚，以对别人有用而感到高兴，
精明，细心而又慎微谨小；
满脑子高超的判断，只是稍微有些迟钝；
有时，的确，近乎荒唐可笑——
有时，差不多是个丑角。

我老啦……我老啦……
我要穿裤腿卷上翻边的裤子。

要不要把我的头发在后脑分开？我敢吃下一只桃子吗？
我要穿上白法兰绒的长裤，在海滨散步。
我听到美人鱼在歌唱，一个对着一个唱。

我可不想她们会对我歌唱。

我看见她们乘着波浪向大海驰去
一面梳理着风中向后纷披的波浪的白发
当大风乍起把海水吹成黑白相间的时候。

我们因海底的姑娘而逗留在大海的闺房
她们戴着红的和棕色的海草编成的花环
直到人类的声音把我们唤醒，我们便溺水而亡。

后记

这本书在 2012 年已有雏形，但因为出版时机不成熟，只有部分文章在中国和英国的杂志上发表过。时至今日，疫情居家隔离之时，我又有了出版这本书的冲动，一是因为我看到国内的精品咖啡馆越来越多，比如上海就有近 8000 家了。而二线城市中，包括我的家乡大连以及杭州、苏州、南京、广州，甚至乌鲁木齐，都涌现出越来越多的精品咖啡馆；二是因为，当年我热爱并采访过的咖啡馆，经过十年包括近三年的疫情洗礼，都还安好地存在着，却仍保留了独此一家（或仅此两家）的独立性！同样的地址，同样的网站，同样的电话，同样的主理人，让我这个喜旧厌新的人倍感温暖。在为自己当初对咖啡馆的选择沾沾自喜的同时，也引发了一些思考，因为毕竟国内这样的小而美的店铺，存活的时间并不长。我想除了主理人的初心不变，品质不变，这个城市也要有滋养它的土壤，追捧它的客户群以及房东的支持，等等。

十年前写下这些文章的电脑，今天看来早就是老古董了，但我一直珍藏着它。今年，我再次打开它，触摸着它的键盘，立刻找到了当年奋笔疾书的感觉。那一年的春天，多雨的伦敦罕见的持续晴朗高温，而那时的我也对未来充满着好奇，“情怀”高于一切。翻看那时拍下的照片，写下的文字，往事尽在眼前！

感谢辽宁人民出版社，能够给这样一本非主流、非畅销的书籍一个机会！感谢赵编辑孜孜不倦的修改、小高设计师的排版，让此书美美地呈现给读者 。

希望将这一路走来的经历分享给志同道合的朋友，不管你身在伦敦，还是远隔万里，我想带给大家的，不只是店铺的名字和地址，还有背后的故事和温度。待疫情之后，大家可以去畅游伦敦，在咖啡馆里“消磨”光阴吧！

声明：

从本书定版，到出版发行，再到读者的手中，这期间不可避免会有店铺信息的变化。另外，英国的网站会因为一些原因无法登录，并非网址错误。敬请理解。